本书受西北农林科技大学经济管理学院资助出版

风险与机会视角下连片贫困地区农户多维贫困研究

王文略　张光强　余　劲　著

中国农业出版社
北　京

图书在版编目（CIP）数据

风险与机会视角下连片贫困地区农户多维贫困研究 /
王文略，张光强，余劲著. —北京：中国农业出版社，
2021.5
（中国"三农"问题前沿丛书）
ISBN 978-7-109-28268-1

Ⅰ.①风⋯　Ⅱ.①王⋯　②张⋯　③余⋯　Ⅲ.①农村－
贫困问题－研究－中国　Ⅳ.①F323.8

中国版本图书馆 CIP 数据核字（2021）第 093216 号

中国农业出版社出版
地址：北京市朝阳区麦子店街 18 号楼
邮编：100125
策划编辑：闫保荣
责任编辑：王秀田
版式设计：王　晨　责任校对：吴丽婷
印刷：北京中兴印刷有限公司
版次：2021 年 5 月第 1 版
印次：2021 年 5 月北京第 1 次印刷
发行：新华书店北京发行所
开本：700mm×1000mm　1/16
印张：11.5
字数：200 千字
定价：50.00 元

　　本书得到国家自然基金项目《反贫困视角下生态移民政策的农户响应及经济效应研究——以陕西省南部地区为例》（编号：71373208）、国家自然基金项目《农村公共政策个体风险研判实验及拟合匹配研究——以陕甘鲁豫 1 600 农户为例》（编号：71573208）、国家自然基金项目《"三权分置"下农地流转个体偏好研判实验及政策演进研究 ——基于豫鲁冀皖苏陕 1 493 农户跟踪面板数据》（编号：71874139）、国家重点研发国际合作项目《新型集成膜技术与食品—能源—水系统可持续发展研究》（编号：2017YFE0181100）、西北农林科技大学西部发展研究院定向委托项目《经济下行压力下农村精准扶贫及对策研究》（编号：Z101021601）、陕西省社科基金项目《陕西省精准扶贫的成效评估和长效机制研究》（编号：2020R041）、陕西省软科学研究计划项目《陕西省精准扶贫攻坚的长效机制构建研究》（编号：2021KRM194）的资助。

贫困问题是困扰世界的难题，我国也曾是世界上贫困人口最多的国家之一，特别是在我国连片贫困地区，农户具有极强的脆弱性。长期以来，我国致力于改善农村贫困问题，通过实施一系列减贫扶贫的政策与措施，脱贫攻坚取得决定性成就，为世界减贫事业作出了重要贡献。但不可忽视的是，依托精准扶贫等政策的实施虽然实现了我国农村贫困人口绝对数量的减少并将实现全面脱贫，但大部分贫困群体居住在连片贫困地区，这部分地区生态环境恶劣，资源禀赋极差，农户的脆弱性强，一旦遭遇风险冲击，将面临返贫。而且贫困地区的相对贫困问题将长期存在，农户整体福利的提升仍是未来需要重点关注的问题。由于贫困农户天然的弱势地位，无法获得能够促进其发展的机会，导致其不能长期摆脱贫困并提升生活水平。

《风险与机会视角下连片贫困地区农户多维贫困研究》以风险冲击和机会缺失为视角，探讨风险冲击与机会缺失对连片贫困地区农户多维贫困的影响。本书共分为五篇九章，第一篇为背景篇，介绍了研究背景及意义、相关研究的国内外研究综述，以及概念界定与理论基础，重构基于风险冲击与机会缺失的多维贫困理论。第二篇为现状篇，以我国8个连片贫困地区1922户农户的实地调研数据为基础，分析连片贫困地区农户的贫困现状及问题，并对农户的多维贫困程度进行测度。第三篇为风险篇，以可持续生计框架为基础，测度连片贫困地区农户的生计资本，对连片贫困地区农户面临的风险冲击进行分类，进而采用结构方程模型分析农户面临的风险冲击通过影响生计资本对农户多维贫困的影响程度。第四篇为机会篇，对农户能够获得的发展机会进行分类，并分析农户能够获得的发展机会通过影响生计资本对农户多维贫困的影响程度。农户的机会缺失的实质是其风险态度厌恶，本书进一步利用实验经济学方法对农户的风险态度进行测度，并探析农户风险态度对其多维贫困的影响机理。最后为对策篇，分别从完善连片贫困地区农户风险管理体系、为贫困农户提供更多发展机会、提升贫困农户生计资本及可持续发展能力及转变贫困农户风险态度把握机会等方面提出了减缓连片贫困地区多维贫困的政策建议。

本书以对我国 8 个连片贫困地区的实地调研数据为基础，定量探讨风险冲击与机会缺失对连片贫困地区农户多维贫困状态的影响程度；利用实验经济学方法，对农户的风险态度进行测度，并定量分析农户风险态度对其贫困状况的影响，最终提出了相应的政策措施，以期促进贫困地区农户快速脱贫，实现持续发展，为精准扶贫、乡村振兴提供一定的政策借鉴。同时，也希望有更多的学者能够关注农村贫困问题的研究，为未来的研究提供新的思路。

第五篇　对　策　篇

第一篇　背景篇

第一章　研究背景与意义

　　贫困问题是当世界上多数国家面临的重要社会问题。我国是世界上贫困人口最多的发展中国家之一，从改革开放以来，我国就致力于农村人口的减贫问题，经过近 40 年的不懈努力，减贫战略取得了巨大成效。尤其是近年精准扶贫战略的实施，使我国农村贫困人口持续大规模减少。2012—2017 年，中国的贫困人口减少了 6 800 多万人，贫困发生率由 2012 年的 10.2% 下降到 2017 年年底的 3.1%。虽然我国大规模减贫战略取得了巨大成效，但贫困人口主要分布在集中连片生态恶劣地区，返贫发生率高，贫困深度深，成为我国未来减贫战略的重点和难点。

　　连片贫困地区农户由于其脆弱性强，面临着更为普遍的风险冲击，造成严重的财产损失，使其陷入深度贫困或返贫，而极度缺乏的发展机会又导致其生计资本脆弱，丧失发展能力，更为重要的是贫困农户常常呈现风险厌恶特征，缺乏把握发展机会的主观能动性，导致其长期陷于贫困无法脱离。对农户贫困问题的研究，需要从单一的收入维度问题转向包括健康、教育及生活条件更为综合和深入的多维度贫困问题。连片贫困地区成为我国未来农村减贫战略中的重中之重，从风险冲击与机会缺失视角，探讨连片贫困地区农户多维贫困的影响因素，并提出有效的政策建议，是一项重要的研究课题，同时也是确保我国实现全面脱贫及小康社会的重要前提，也是新阶段我国乡村振兴的必经之路。

一、研究背景

（一）现实背景

　　贫困是世界性难题，世界上不同国家都为减贫做出了不懈努力，尤其是发展中国家农村地区的贫困问题更为严重和尖锐，截至 2017 年 6 月底，全球仍有 7 亿极端贫困人口。中国是世界贫困人口最多的国家之一，但改革开放 40 年来，中国的减贫为世界减贫战略也作出了巨大贡献，中国绝对贫困人口占世界贫困人口总量的比重由 1981 年的 43.1% 降至 2008 年的 13%（汪三贵，2008）。我国 2013 年提出了精准扶贫战略，并取得了重要的阶段性胜利，至 2017 年年末，我国农村贫困人口已下降至 3 046 万人，贫困发生率降至 3.1%。但不可忽视的是，贫困人口多地处深度连片贫困地区，是脱贫攻坚中的难中之难。

连片贫困地区农户脆弱性极强，生计资本缺乏，更容易遭受自然及外界的风险冲击，使其长期处于贫困状态（Azam and Gubert，2006；Carter et al.，2007）。风险冲击会带给本就贫困的农户严重打击，再加之生计资本贫乏的农户缺乏有效的风险管理意识和行为，应对风险的策略不足，在遭遇风险后，无法及时有效进行应对，使风险冲击的影响持续扩大，造成贫困加剧或返贫。同时，贫困农户和家庭具有更高的风险厌恶，从事低风险低收益的生产活动，使其长期陷入贫困状态，而持续的贫困又导致其失败的风险管理，加剧其脆弱性，由此形成了贫困的恶性循环陷阱。

机会不平等会造成收入差距，社会不公，诸如劳动者所处地区、工作行业、性别、自身禀赋的不同以及公共政策的不均等都是造成机会不平等，进而造成收入差距的重要因素（徐晓红和荣兆梓，2012）。而贫困农户本身处于社会的底层，自身能力、禀赋、所处环境均处于劣势，极度缺乏生计资本，能够获得的发展机会不足，是造成其无后续发展能力，长期囿于贫困的重要原因。此外，机会缺失一方面是由于发展机会的不足，更为重要的是农户把握发展机会的意识不够，即贫困农户常常具有风险厌恶的特征，不能够及时把握改善自身发展的机会，致使缺乏持续的发展能力。

我国顺利实现全面建成小康社会的战略目标，农村减贫问题是最根本也是最艰巨和繁重的任务。确保贫困人口如期脱贫并消除逐步扩大的贫富差距，是我国面临的重要而尖锐的社会问题。随着人们对贫困概念及成因理解的不断深入，对贫困状态的衡量逐步由满足其最低的生活需求扩展到综合考虑个体生存的健康、教育、生活条件及收入各个方面，对贫困问题的研究，要从单一的收入维度转向多维度，尤其是关注农户在健康、教育、生活条件等多方面的减贫。

连片贫困地区贫困问题是我国减贫战略中的重点和难点，连片贫困地区生态脆弱，贫困程度极深，农户脆弱性极强，面临着严重的风险冲击及机会缺失，农户意识到风险冲击会使其陷入贫困，由此会更为谨慎，导致其风险态度厌恶，机会缺失的实质是农户不愿承担一定的风险去把握能够促进其发展的机会。农户风险厌恶特征成为导致其多维贫困的重要因素，原有对贫困问题的阐释和分析框架已不能够解决这些问题，需要对贫困的概念及内涵进一步深化和扩展，并分析造成贫困的深层次原因，构建新的多维贫困问题分析框架，以从根本上提升连片贫困地区农户的可持续发展能力并为乡村振兴打下坚实的基础。

（二）理论背景

随着对贫困问题研究的进一步扩展，对贫困的定义从最初的满足基本需求的角度，逐步扩展到诸如森的能力贫困理论、权利贫困理论等方面，是一个逐步对其概念深入理解的过程。其理论分析的框架也越来越成熟，但对贫困的定义仍没有统一的概念，目前对贫困的定义基本上包括收入贫困、能力贫困和权利贫困三个方面的内容，贫困的成因多被认为由三个方面导致，即制度安排、资本缺乏和环境约束。但连片贫困地区贫困农户面临着更多的风险，脆弱性更强，而且缺乏外界提供的发展机会，是其持续贫困的重要因素，而现有对贫困问题的理论分析框架中，往往忽视了风险冲击与机会缺失对连片贫困地区农户贫困的影响。

可持续生计理论被广泛运用于贫困和农村发展的研究中（Adamo and Hagmann，2001；Glavovic and Boonzaier，2007），近年来在可持续生计理论的基础上，依托森的可行能力理论，相关组织和学者发展了不同的生计分析框架（Bebbington，1999；Ellis，2000；Scoones，1998）。其中，以英国国际发展署（DFID）为代表开发的可持续生计方法分析框架成为学术界运用较为广泛的理论框架（DFID，1999）。该框架提供了研究贫困问题所必须要纳入的核心问题，并对这些问题的区别及联系进行了深入分析。此外还强调应该注重研究不同的外界因素对农户生计资本的关键影响因素以及影响过程，并探讨这些因素之间的有机联系。

长期以来各领域专家对贫困问题的研究以可持续生计分析框架为基础，多从减少灾害风险、脆弱性、社会排斥等方面进行独立研究，并分别在不同的研究框架内取得了丰硕成果。上述几个研究理论框架具有紧密的联系及相互关系，又不完全相同，本书在可持续分析框架的基础上，从风险冲击与机会缺失视角，分析风险冲击与机会缺失通过影响农户的生计资本对其多维贫困的影响，能够更为全面地对多维贫困问题进行理论研究和分析。

贫困农户具有更高的风险厌恶特征，机会缺失的实质是农户风险态度的不同（王文略等，2015），行为研究已成为经济学中的基本问题并扩展到对风险态度的研究，已有研究探讨了个体收入或财富与风险厌恶之间的关系，而所得结论不尽一致。对风险态度的研究主要基于实验经济学的发展以及与管理学科的交叉和融合，近年在农村公共政策中的应用主要是对农户风险态度的测度。风险态度的测度其核心理论基础是 Von Neumann 和 Morgenstern（1945）的期望效用函数理论以及 Kahneman 和 Tversky（1979）提出的前景理论。结合行为经济学、管理学、实验经济学等多学科研究农户风险态度对其贫困状态的影响成为研究贫困问题的重要理论基础。

本书在原有贫困理论的基础上，对贫困的定义进行丰富和扩展，并借鉴成熟的多维贫困测度方法，对农户的贫困状态进行测算。在可持续生计理论的指导下，加入风险冲击与机会缺失要素，建立基于风险冲击与机会缺失的减贫理论框架，探讨风险冲击与机会缺失通过农户的生计资本进而对其多维贫困状态的影响机理，结合行为经济学、实验经济学理论测算农户的风险态度，并定量分析风险态度对其多维贫困状态的影响，以期丰富贫困研究的相关理论并提供新的研究思路和框架。

二、研究目的和意义

（一）研究目的

本书以贫困相关理论为指引，引入风险冲击与机会缺失视角，分析农户面临的风险冲击及发展机会。利用 AF 多维贫困测度方法，对连片贫困地区农户的多维贫困状态进行测度，以深入了解连片贫困地区农户的贫困状况。以可持续生计理论为依托，利用计量经济学方法，分析风险冲击与发展机会通过影响其生计资本对多维贫困状态的影响机理。

机会缺失，一方面是发展机会不足，另一方面是农户主动把握机会的意识不够，其实质是风险态度的不同，利用实验经济学理论和方法，对贫困农户的风险态度进行测度，并深入分析农户风险态度对多维贫困的影响，以期通过改变农户的风险态度，把握一切可能改变其生存状态的机会，为连片贫困地区农户减贫及持续发展提供有效的对策建议。

具体而言，本书的主要研究目的有以下几个方面。

①在全面总结和梳理贫困的概念界定、贫困形成原因的基础上，对不同贫困概念的关注点、提出时期，不同阶段贫困形成的主要原因进行归纳和总结，对贫困的概念进行丰富和完善，扩展其相关的理论和研究范畴，构建加入风险冲击与机会缺失的多维贫困分析理论框架，为新阶段减贫问题的研究提供新的支撑和理论。

②对我国连片贫困地区农户的贫困状况进行分析，借鉴多维贫困测度方法，测度我国连片贫困地区农户多维贫困指数并分解，对农户多维贫困致贫的原因进行深入分析。

③将风险与机会纳入可持续生计分析框架中，在总结和分析农户面临的风险冲击和发展机会的基础上，探讨风险冲击与发展机会通过影响农户生计资本进而影响农户多维贫困的机理与效应，以深入分析风险冲击与发展机会对农户多维贫困状态的影响。

④农户对发展机会的把握，其实质是风险态度不同，借鉴实验经济学研究方法，对农户的风险态度进行测度，并探讨农户风险态度对其多维贫困的影响，以期通过改变农户的风险态度使其把握机会主动发展，改变贫困状态。

（二）研究意义

1. 理论意义

（1）构建基于风险冲击与机会缺失的多维贫困分析框架

在以往贫困的研究中，虽然脆弱性的提出包含了风险的含义，但没有明确将风险冲击和机会缺失纳入贫困问题的分析框架中，本书在总结以往相关研究的基础上，明确将风险冲击与机会缺失纳入贫困的概念中，对贫困的概念进行丰富和完善。以往对贫困形成原因的分析基本上形成了制度不利论、资本缺乏论和环境约束论，而未将风险冲击和机会缺失纳入致贫的原因中，但风险冲击是造成贫困的重要因素，机会缺失是脆弱群体无法摆脱贫困的重要阻碍。此外，对贫困问题的研究，由单一的收入维度不断扩展到包括健康、教育及生活水平等维度的多维贫困，由此，本书对贫困含义的完善和扩展，并构建基于风险冲击与机会缺失的多维贫困分析框架，可为后续贫困问题的研究提供一个新的理论视角和分析框架。

（2）对风险、脆弱性、可持续生计等贫困分析框架的整合与统一

以往针对贫困问题的研究中，不同学者建立了一系列分析框架，如脆弱性分析、可持续生计、社会排斥等，并基于上述不同的理论框架做出了诸多可供借鉴的研究，但鲜见将上述分析框架融合，系统地对贫困问题进行深入研究的理论框架。风险冲击会导致农户更加脆弱，社会排斥的根本原因是发展机会缺失，贫困、脆弱性、风险与机会、可持续生计既有紧密联系，但又不完全相同，由此，本书以可持续生计理论为基础，纳入风险与机会视角，深入探讨风险冲击与机会缺失通过生计资本对农户贫困状态的影响机理，以期丰富和完善以可持续生计为核心的贫困理论分析框架，具有重要的理论意义。

（3）引入实验经济学测算贫困农户风险态度

风险冲击与机会缺失，其实质是贫困农户风险态度的不同，近年来实验经济学、消费者行为理论、心理学、组织行为学及公共管理学等学科交叉形成的相关理论已比较成熟，Holt and Laury（2002）在风险态度实验中确立了经典的实验机制，不同学者在不同国家进行了实验对农户的风险态度进行测度，而专门针对贫困农户的大样本实验在国内外仍较少，尤其在国内的相关研究鲜有。本书将在 Holt—Laury 实验机制的基础上，以农户为实验对象，测算我国农户的风险厌恶系数与损失厌恶系数，分析农户风险态度对其多维贫困的影响。在贫困问题的研究领域引入实验经济学等交叉学科，通过对农户风险态度的测度并分析其对贫困的影响机理，探讨通过改变贫困农户的风险态度使其摆脱贫困的对策建议，能够极大拓展贫困问题的研究视野，同时，在本学科中运用实验机制研究是对贫困研究领域的重要补充和完善，具有十分重要的理论意义和学术价值。

2. 现实意义

（1）根除贫困是满足人的基本生存发展的必然要求

人权是在符合人类社会生态制度的同时应该享有的基本权利，如满足其最基本的温饱和生存条件，消除贫困等。从世界范围看，全球仍有 7 亿人口处于绝对贫困线以下，说明这部分人口仍未达到最基本的生存需求，没有足够的食物和热量摄入和满足其基本发展的教育和基础设施，这是对人权的一种剥夺。对贫困问题的研究，以降低贫困人口数量，提升贫困人口的生活质量和满足其基本的生存和发展要求，是人类基本权利的必然要求，是一个极具现实意义的重大课题。

（2）消除绝对贫困是全面建成小康社会及实现乡村振兴的重要基础

全面减贫和小康社会的建成，以及实现乡村振兴，首先就是要解决农村贫困问题，培育农户的可持续发展能力。中国在减少绝对贫困方面为世界作出了重要贡献，贫困人口多分布在环境恶劣及资源缺乏的连片贫困地区，面临着更为严重的风险冲击和机会缺失，消除绝对贫困是全面建成小康社会的底线目标和重要基础，也是我国实现乡村振兴的必然要求。

（3）降低相对贫困是实现公平、缩小差距的重要前提

除了绝对贫困，目前我国由于居民收入差距拉大，出现相对贫困问题，导致部分贫困群体对政府及社会缺乏信心，甚至会埋下社会不稳定的隐患。收入少于平均水平 1/3 的个体即可被认为是相对贫困人口，由此定义，我国相对贫困人口数量还很大。相对贫困不仅仅包括收入的贫困，还包括教育、医疗、基础设施的缺乏和不公等多个维度。从风险冲击和机会缺失视角，增强贫困人口的自我发展能力和风险意识，打破贫困的代际传递，使更多贫困人口脱离相对贫困，是实现社会公平，缩小收入差距，维护社会稳定的重要前提。本书所得相关研究结论对农户的长期可持续发展及解决相对贫困问题有重要的指导意义。

（4）可为我国减贫公共政策的制定提供一定的理论和现实依据

减贫是国家公共政策的一个重要方面，我国经历了 40 余年的减贫实践，取得了举世瞩目的成就，但新的阶段，贫困问题出现了新的特征和特点，减贫任务依然艰巨，风险冲击和机会缺失、农户风险厌恶是新阶段减贫面临的重要问题。以风险冲击与机会缺失、风险态度为视角，探讨我国新时期减贫

的对策建议，可为国家相关公共政策的制定提供一定的借鉴，为连片贫困地区后续减贫战略的制定提供理论和现实依据，具有一定的现实意义。

三、研究思路与方法

（一）研究思路

本书首先在借鉴和总结前人对贫困与多维贫困相关概念和理论的基础上，对贫困的内涵及成因进行深化和扩展，加入风险与机会，构建基于风险冲击与机会缺失视角的多维贫困分析框架。由于连片贫困地区农户面临着更为严重的风险冲击及机会缺失，故以连片贫困地区农户减贫问题为研究对象，对连片贫困地区农户贫困进行多维测度与分解，以深入分析连片贫困地区农户的多维贫困状态。以可持续生计框架为基础，定量分析风险冲击和能够获得的发展机会通过影响其生计资本对农户多维贫困状态的影响。农户把握机会的意识和能力不同，实质在于风险态度的不同，利用实验经济学理论与方法对贫困农户的风险态度进行测度，并探讨农户风险态度对其多维贫困的影响，以期改善农户风险态度，及时把握能够促进自身发展的各种机会，快速实现减贫。

具体而言，主要研究思路如下。

①借鉴国内外现有的贫困研究的相关成果，对贫困的概念和内涵的发展进行梳理总结，依据新时期贫困的特征对贫困的概念和内涵进行丰富和完善，对贫困问题的研究由单一的收入维度扩展到包含健康、教育及生活水平等多个维度的多维贫困研究。对贫困的形成原因进行深入分析，在总结前人对贫困成因相关理论的基础上，将风险与机会纳入贫困问题的研究范畴内，拓展贫困问题的研究视野，构建基于风险冲击与机会缺失的多维贫困分析框架。

②对连片贫困地区农村贫困的状况进行详尽描述，利用多维贫困测度方法对连片贫困地区农户的贫困程度进行测算，以对连片贫困地区农户贫困状况有深入了解，对连片贫困地区农户多维贫困的客观原因进行总结分析。

③借鉴可持续生计分析框架，对连片贫困地区农户的生计资本进行测度。将风险冲击、机会缺失纳入可持续生计分析框架中，使用结构方程模

型，计量分析农户遭遇的风险冲击及机会的可得性通过生计资本的中介效应对农户多维贫困的影响。

④农户遭遇风险冲击会使其更加风险厌恶，对发展机会的把握不同，其实质是风险态度的不同，由此，在前述相关理论指导下，利用 Holt - Laury 实验机制，对连片贫困地区贫困农户的风险态度进行测度，使用泊松回归、OLS 回归方法分析农户风险态度对其多维贫困的影响，以提出改善农户风险态度的对策建议，促进其把握发展机会。

⑤根据上述研究结论，从及时有效的风险管理、改变农户的风险态度、提供更多的发展机会及提升生计资本等方面提出连片贫困地区农户减贫的有效政策建议。技术路线如图 1 - 1 所示。

（二）研究方法

本书主要采用理论分析与实证研究相结合的研究方法，不仅有对多维贫困研究框架理论的扩展和完善，也有风险冲击与发展机会、风险态度对农户多维贫困状态影响的实证分析。综合运用多维贫困的测度方法、实验经济学农户风险态度的测度方法及不同的计量经济学方法进行定量研究。

（1）文献分析法

收集和归纳国内外对风险冲击、机会缺失、可持续生计、风险态度等方面的文献，系统总结前人对贫困问题的研究方法和理论框架，为本书的研究提供借鉴和理论支撑，同时，对不同阶段贫困问题研究的重点进行归纳和总结，纳入风险冲击与机会缺失视角，提出新的贫困问题的分析框架。

（2）多维贫困测度方法

借鉴 AF 多维贫困测度方法，在原有教育、健康和生活水平三个维度的基础上，加入收入维度，对连片贫困地区农户的多维贫困状况进行测度，以深入了解连片贫困地区农户的贫困程度。

（3）结构方程模型

农户遭遇的风险冲击及能够获得的发展机会通过影响其生计资本，最终影响其多维贫困状态。结构方程模型能够基于变量的协方差矩阵分析变量之间的关系，本书所研究的风险冲击、发展机会以及不同的生计资本，无法直接用一个指标去量化，而是需要一些外显指标或可直接观测的指标间接测量

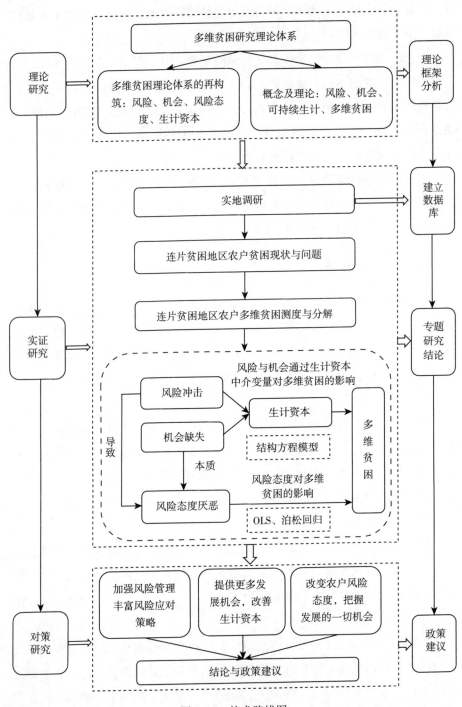

图 1-1 技术路线图

这些潜变量，结构方程模型能够同时观测潜变量及其测量变量与被解释指标的关系，由此，本书使用结构方程模型测量风险冲击与发展机会通过影响生计资本对其多维贫困状态的影响。

（4）OLS 和泊松回归模型

在以往针对贫困问题的研究中，多以某地区或国家的宏观贫困发生率为贫困代理指标，对微观农户贫困问题的研究多以单个农户的纯收入为贫困代理指标，无法反映农户综合的贫困状态，由此，本书利用多维贫困测度方法，选取农户陷入贫困的维度数和贫困剥夺得分为贫困代理变量，既能够反映农户陷入贫困的维度，又能反映其贫困的深度。在以农户陷入贫困的维度数为解释变量时，由于其为非负整数，所以采用泊松回归模型，以农户贫困剥夺得分为解释变量时，采用 OLS 进行回归。

（5）Holt - Laury 实验方法

农户是否能够主动把握发展机会，其实质是风险态度的不同。实验经济学的发展为个体风险态度的测度提供了一系列理论和方法，尤其是 Holt 和 Laury 创立的采用一系列成对彩票抽奖游戏测量个体风险态度的实验机制，成为目前学术界应用较多的实验经济学方法，本书借鉴该实验方法，对农户的风险态度进行测度，并采用 OLS 回归和泊松回归模型分析农户风险态度对其多维贫困的影响。

四、研究的数据来源与使用说明

（一）调研区域与样本分布

根据我国 14 个连片贫困地区贫困人口的分布，在我国 14 个连片贫困地区中，选取了滇黔桂石漠化区、武陵山区、乌蒙山区、秦巴山区、大别山区、六盘山区、燕山—太行山区和吕梁山区 8 个连片贫困地区，前 7 个依次为 14 个连片贫困地区中农村贫困人口占比最高的 7 个片区。

在调研过程中，通过分层抽样法在每个市选取 3 个县，每个县随机选取 2～5 个村，每村再随机抽取 20～50 户农户进行了实地调研和访谈，问卷内容涉及农户家庭成员信息、经济信息、经营特征等，由本课题组农林经济管理专业硕士研究生、博士研究生组成的专题调研小组，进行入户问卷调研和访谈，每份问卷时间约为 1.5 小时。具有专业知识的调研人员以及充足的调研时间，保证了获得数据的真实性和有效性。采用多层随机抽样的方法抽选样本，保证了样本的代表性。通过调研，获得连片贫困地区农户调研问卷1 950份，在数据处理过程中，剔除由于农户表达不清、数据无效问卷 28份，最终获得 1 922 份农户调研数据，样本有效率为 98.6%。具体的调研区域及样本分布见表1-1。

表 1-1　样本分布表

片区	滇黔桂石漠化区	乌蒙山区	秦巴山区	六盘山区	大别山区	武陵山区	燕山—太行山区	吕梁山区
省份	贵州省、云南省	贵州省、云南省	陕西省	甘肃省	河南省	贵州省	河北省、山西省	山西省
样本县	镇宁县、师宗县、富源县	赫章县、宣威市	镇安县、丹凤县	景泰县、庆城县、通渭县	新蔡县	印江县	张北县、天镇县	吉县
样本数	536	391	80	334	40	237	204	100
合计				1 922				

数据来源：根据实际调研数据整理。

(二) 本书数据使用说明

在本书第八章风险态度对连片贫困地区农户多维贫困的影响研究中，由于使用 Holt-Laury 实验方法对农户风险态度的测度需要在实验过程中实际支付给农户现金，以获得较为真实的农户风险厌恶系数和损失厌恶系数，故在连片贫困地区调研的 1 922 个样本农户中选取了 163 户农户进行了风险态度测度的实验，具体的数据说明详见第八章。本书其他章节均使用上述1 922个农户样本数据。

五、创新及不足

(一) 可能的创新点

1. 对贫困概念及贫困成因理论的扩展和完善

在新的减贫阶段，我国农村贫困出现了一些新的问题和特征，原有的贫困概念及贫困成因理论已经不能全面解释贫困的成因，而贫困的本质应是风险冲击及机会缺失。以可持续生计理论为指导，将风险冲击与机会缺失纳入农户贫困问题分析的范畴中，极大地丰富了贫困问题的研究视野，构建基于风险冲击与机会缺失的减贫问题分析框架，将为贫困问题的研究提供一个全新的视角，是一个理论创新。本书通过理论分析，将贫困定义为缺乏抵御风险的能力及没有把握获得更好生活的机会，认为风险冲击是造成贫困的重要因素，机会缺失是脆弱群体无法摆脱贫困的重要阻碍。

2. 将风险冲击与机会缺失纳入可持续生计的理论框架中

长期以来不同学者均将风险冲击、脆弱性、可持续生计作为相对独立的理论框架研究贫困问题，鲜有将上述几个理论有机结合研究贫困问题的。脆弱性的实质是风险，风险、脆弱性、可持续生计与贫困均互为因果，但又不完全相同，而且很少有研究将农户能够获得的发展机会纳入贫困问题的研究中，由此，本书将风险冲击与机会纳入可持续生计分析框架中，并探讨风险冲击与机会缺失通过生计资本的中介效应对农户贫困状态的影响，试图对贫困问题理论分析框架有所补充和创新。本书研究发现，农户遭遇风险冲击会通过影响其生计资本显著加剧多维贫困，风险冲击每增加 1 个标准差，农户的贫困剥夺得分会增加 0.226 个标准差，农户能够获得的发展机会能够通过提升其生计资本而改善多维贫困，能够获得的机会每增加一个标准差，农户的贫困剥夺得分会降低 0.175 个标准差。

3. 基于实验经济学对农户风险态度的测度

目前国内外以实验为基础的风险态度研究的文献较少，国内对此方法应用较为完善的文献也是以大学生为实验对象，以农户为实验对象的文献鲜见。本书采用 Holt 和 Laury（2002）的彩票选择设计机制，由于农户的自身脆弱性及弱抗风险能力，在实验过程中以农户为实验对象，用真实货币激励，能够得到最为真实的农户风险态度。同时，探讨农户风险态度对其多维贫困的影响，以提出改善农户风险态度，使其把握发展机会摆脱贫困的政策建议，试图结合实验经济学和管理学在贫困问题研究的相关理论和实践中有所突破，是本书的一个创新点。本书基于 Holt - Laury 实验机制对连片贫困地区农户的风险态度测度结果表明，我国贫困地区农户具有较低的风险偏好，而且越具有风险偏好特征的农户，越能够较早地摆脱贫困。

（二）不足之处

由于知识储备、时间和精力所限，本书仍存在不足之处。

一是在农户的风险态度测度实验研究中，由于该实验实施过程需要实际支付给农户现金，成本较高，故共取得了 163 户农户的实验数据，样本量偏少。

二是在使用结构方程模型分析风险冲击和机会缺失通过生计资本中介变量对农户多维贫困的影响时，由于所调研地区较多，应当添加区域变量来分析区域之间的差异，但由于结构方程模型中无法添加区域虚拟变量，故对区域之间的差别分析不够深入，在未来的研究中将继续探索更为完善的方法进一步分析和研究。

三是根据国内外对农户风险态度的研究，发现不仅农户的风险偏好及时间偏好会影响其决策及行为，而且其他的诸如社会偏好、模糊偏好等均会影响农户的决策，本书仅选取农户风险偏好分析与贫困状态的关系，仍不十分全面。

此外，对连片贫困地区农户的调研数据仅有一年，对农户多维贫困测度、风险冲击与发展机会对农户多维贫困的影响的研究使用一年的截面数据，缺乏长期的验证，且对农户多维动态性把握不足。当然，还有其他不足之处，将在未来的研究中继续努力完善。

第二章　文献综述

一、国外文献综述

（一）贫困的成因及减贫实践

国外对贫困问题的研究较早，最具代表性的是阿马蒂亚·森，他对贫困的定义、贫困的成因及对策方面做了许多有益的研究（Sen，1981、1976）。不同的国际机构也非常重视世界范围内的贫困问题，尤其以世界银行为代表，在 2001 年、2004 年、2014 年、2016 年发布的世界发展报告中，分别全面探讨世界范围内的贫困问题并提出有效的政策建议。

长期以来，学者们以森的贫困理论为基础，从不同角度对世界各地区的农村贫困问题进行了相关研究，多以拉丁美洲、印度、中国等贫困人口较多国家的典型贫困地区为例（Dercon and Christiaensen，2011；Rao et al.，2017），研究的角度也各异，如从制度安排（Barrett et al.，2005）、环境约束（Reardon and Vosti，1995）、农户自身家庭的禀赋特征等方面探讨导致个体贫困的原因以及减贫的措施。

不同学者从脆弱性（Cooper and Wheeler，2017）、可持续生计（Ellis F and Mdoe N，2003）、风险管理方面（Berkes，2007）设计了减贫问题的不同研究框架，并取得了大量的研究成果，多认为农户向城市转移、外出务工获得工资性收入是连片贫困地区农户摆脱贫困的重要措施。也有学者探讨了农村向城市移民（Christiaensen and Todo，2014；Du et al.，2005a）、劳动力转移及工资收入的减贫效果（Jia et al.，2017；Semyonov and Gorodzeisky，2005）。

近年来，各国不断开始关注气候变化对农户贫困的影响，尤其是气候变化带来的风险对农户脆弱性的影响（Fafchamps，2003；Hansen et al.，2018），同时，逐步意识到发展机会对农户减贫的重要作用（Savioli et al.，2017；Tickamyer and Duncan，1990）。还有诸如空间贫困（Liu et al.，2017）、小城镇建设（Christiaensen and Kanbur，2018）、农村金融（Zhang and Qin，2018）、农业企业和新型组织（Naminse and Zhuang，2018）对减贫的作用等研究，不断丰富和完善了减贫的理论和实践。

（二）贫困的测度与多维贫困

对贫困的测度主要集中在贫困线、总量贫困及多维贫困的测度三个方面。最早对贫困线的定义始于 Rowntree（1901）的研究，认为个体的消费水平低于社会普遍接受的最低生活水平所需的物质量被认为是绝对贫困，主要以食物能量或热量摄入来衡量。基本需求有食品需求和非食品需求两个部分，对非食品需求部分的衡量主要有恩格尔系数法、马丁法（Ravallion，1998）以及世界银行发展报告确定的一天一美元作为贫困线，近年来将每天 1.9 美元确定为新的贫困线，目前绝对贫困线在世界上的使用仍比较广泛。

贫困率和贫困差距率是目前世界上多数学者用来衡量贫困状态的指标，但这两个指标仍有一定缺陷，如贫困率和贫困差距率包含的信息仍较少，而且在理论上存在缺陷（Watts，1968；Sen，1976），Foster 等（1984）开发的 FGT 贫困指数，社会福利函数贫困指数（Blackorby and Donaldson，1980）和多维度的贫困度量指标（Bourguignon and Morrisson，2002）等成为后来学术界对贫困状态进行测度的重要方法。从目前使用情况看，学术界比较常用的指数有贫困率指数 H、贫困差距率指数 I、平方贫困距指数 F2 及 SST 指数。

随着对贫困概念研究的深入及贫困测度方法的不断发展，很多学者认为单纯地从收入或者基本需求的满足来衡量或测度贫困已经无法满足对贫困问题的研究，由此对贫困的测度由单一维度向多维度发展。如人类贫困指数从寿命、读写能力和生活水平三个维度对贫困进行测度（联合国开发计划署，1997），但不同维度的权重确定仍没有统一的标准。而后不同学者对多维贫困不断扩展并应用于不同国家的多维贫困测度（Alkire and Seth，2015a；Alkire et al.，2017），成为较为成熟的多维贫困测度方法。

（三）可持续生计资本

Chambers（1992）对可持续生计资本的研究被认为是该框架的起点，他对可持续概念进行了定义，认为可持续生计资本框架包含了生态、农户、政策等多个系统。到 20 世纪 90 年代末期，Scoone 和 Small（1998）认为，对可持续生计及其相关研究应向生计资产及其构成侧重，并且需要与其他主流经济学思想进行广泛交流并完善。英国国际发展署（2000）建立了 SLA 可持续生计框架，是被学术界公认的较为完善和有一定创新的可持续生计框架，成为后来学者对可持续生计理论及实证研究的基础。

在实证研究方面，Cherni 等（2009）以古巴的偏远农村地区为对象，采用可持续生计方法，在现有资产和政策框架下对农村社区进行调查分析，研究如何将可再生能源技术与国家的政策相结合，达到改善农村地区生计的目的。Loïc Le Dé（2018）分析遭遇风险冲击后外部援助机构对遭遇冲击后的农户生计的帮助，强调需要以生计资本为基础，建立一个综合的援助体系，以使农户在遭遇风险后做出有效的反应和恢复，尽可能降低包括气候变化适应在内的灾害风险及其他不可预见风险对农户生计资本的影响。Abbay（2018）分析了农户家庭的社会地位和社会关系对其生计资本和收入的影响，结果表明，家庭的社会地位对其生计资本和收入有重要影响，地位较高的家庭倾向于增强他们在不同社会网络中的参与度，加强社会纽带，提高家庭在社区中的地位，又反过来提升了其家庭收入。

（四）风险冲击与贫困

Beck（1984）于 1984 年首次采用"风险社会"来描述当代社会，将风险视为现代社会的一大特征。现有对风险问题的研究，多以不同风险概念为基础，通常采用财产、脆弱性和风险这三个概念对总体风险进行概括（Harttgen and Günther，2006；Subbarao，2004），并对农村家庭所面临的风险进行测度及分解。大部分学者针对风险冲击对贫困影响的研究均认为，农村深度贫困人口生活由于其生态环境极度脆弱，具有极强的脆弱性，容易遭受自然及外界的风险冲击，而且在遭遇风险冲击后又极度缺乏应对策略，使其长期处于贫困状态（Azam，2006；Carter et al.，2007）。

基于农户面临的风险对其的巨大冲击及导致的贫困问题，不同机构提出了风险管理及风险应对策略来降低农户由于风险冲击陷入贫困的可能性。如世界银行（2000）在世界发展报告中将风险管理机制分为非正规机制和正规机制，其中正规机制是来自以市场为基础的活动、政府提供的公共政策等，其风险处理策略从微观、中观和宏观三个层次进行划分；非正规机制是指社区、村庄以及家庭和个人对风险的不同应对措施。Holzmann 和 Jorgensen（1999）提出了基于市场和非市场的社会风险管理概念框架，认为社会保护应该是帮助个体、家庭和社区更好地进行管理风险，并为极度贫困群体提供不同的公共政策进行干预提供支持。Alderman H 等（1992）进一步将农户的非正规风险的应对机制进行划分，将其分为事前机制和事后机制，事前机制即是风险发生之前，农户所采取的一系列预防措施，如参加保险、风险预防等；事后机制是在不同风险灾害发生之后，通过不同的风险应对策略进行生计恢复的过程。

联合国粮食及农业组织（FAO）（2008）将可持续生计和灾害风险管理研究框架整合，认为农户时刻面临着风险冲击，当其遭遇不可预测的风险后，会自动运用其仅有的所有生计资本来应对风险。当农户遭遇风险后，其应对策略有多种，在事前有一定的预防策略，如种植多样化、外出务工使收入多样化；事后策略有现金支付、提取存款、变卖资产、向亲朋或银行借贷，甚至让学童辍学等事后策略（Gertler and Gruber，2002；Wolf，2014）。

实证研究方面，不同学者对导致农户面临的风险进行总结，并对风险防范机制进行研究，如 Harttgen 和 Günther（2006）提出了一个简单的方法对特殊风险和共同性风险冲击对马达加斯加农户脆弱性的影响进行分析，研究表明，协同性风险冲击对农村家庭的贫困具有重要影响，而特殊性冲击对农户家庭的脆弱性有相对较高的影响；Kochar（1999）研究表明，劳动力市场能够允许农户家庭将劳动力从农业部门转移到非农业部门就业的程度对农户应对自然灾害对农业冲击具有重要作用，而且农户可以通过延长劳动时间来应对所受到的风险冲击。

（五）机会缺失与贫困

机会与贫困之间的关系研究，主要始于机会不平等对收入差距的影响。罗默首先提出了机会不平等的分析框架，此后不同学者分析了机会不平等对发展及收入的影响。世界银行（2006）认为，国家之间、不同国家内部都存在一定的机会不平等现象，导致了国家之间以及国家内部不同群体之间的发展差异。不同学者认为，由于自身努力程度不同而造成的不平等是可被接受的，而由于个体无法控制的外部环境因素导致的机会不平等则不能够被接受（Bourguignon et al., 2010；Ferreira and Gignoux, 2011；Saavedra - Chanduví et al., 2009）。罗默把造成结果不平等的原因区分为两类，即努力成分和环境成分，努力成分指个人可以控制的原因，例如学习的刻苦，工作的投入等，环境成分指个体无法控制的原因，如家庭出身和性别等，也就是机会（Roemer，2002）。

针对机会对个体的作用及机会的识别研究方面，多从创业机会的角度，探讨个体对机会的发现问题以及机会的影响因素。奥地利经济学派认为，机会是个体对市场需求或资源发现的敏感力（Kirzner，1978）。20世纪90年代以后，不同学者开始探讨个体禀赋及异质性对机会发现的影响，多数研究认为，个人禀赋及特质、所拥有的先前知识与工作或学习经验、自身的社会关系网络等均会显著影响机会发现（Ardichivili et al.，2003）。

多数研究认为，个体创造力和自身禀赋及能力均对机会发现有至关重要的作用（Hills et al.，1997，1999）；一方面从掌握的知识程度和经验看，个体所掌握的知识程度越高，越能够识别外部机会，同样，获得的经验越多，就越能够把握机会（Shane，2000；Shepherd and Detienne，2010）。另一方面，社会关系被认为是个体发现机会的重要因素，个体在不同的社会交往中，获得不同的信息，在这些信息中可以识别和把握能够对自己发展有利的机会（Birley，1985；Singh，1998）。如已有研究结论表明，个体的关系强度，社会资本、社会关系网络的规模及密度均会显著影响其机会发现的能力（Arenius and Clercq，2005；Singh，1998）。

目前国外的研究主要集中在机会不平等对个体收入差距的影响，以及不同因素对个体机会发现的影响，而对于个体能获得的发展机会对其自身财富影响的研究鲜见，尤其是在减贫中发展机会作用的研究仍鲜见，仅有的研究均以单个机会对贫困的影响进行分析，如 Bae 等（2012）的研究认为，农户能够获得的贷款等金融机会对其减贫具有重要作用。

（六）农户风险态度与贫困

对个体风险态度的研究始于对贫困问题的研究，学者们认识到风险态度是导致贫困的一个重要因素，个体风险态度的研究开始兴起。Rosenzweig 和 Binswanger（1992）通过实证数据分析发现，富裕的农户更倾向于从事投资风险性较高的生产活动及谋生方式，并获得更高的收入和更好的生活。个体风险态度的理论基础主要为期望效用函数理论及前景理论（Kahneman，1979；Von Neumann and Morgenstern，1945），众多学者依据这两个理论在财富与风险态度之间的关系研究方面得出的相关结论（Binswanger，1980；Liu，2004；Mosley and Verschoor，2003；Wik，2004），奠定了实验机制引入管理学科的重要基础。近年来不同学者以上述两个理论为基础，讨论了贴现效用（DU）模型，强调了时间偏好的重要性（Frederick，2002），同时，引入损失厌恶、非线性概率加权，不断扩展风险态度的测度方法。

Holt and Laury（2002）设计的 Holt - Laury 机制是将实验方法引入管理学科的一个里程碑，开创了个体风险偏好研究的新领域。不同的学者依据该实验机制在世界范围内对个体的风险态度进行测度并探讨个体风险态度的影响因素。如 Rieger 等（2014）使用 Holt - Laury 实验方法对 53 个国家的学生个体的风险态度进行测度，并探讨文化、区域等因素对风险态度的影响。Tanaka 和 Munro（2013）在乌干达运用该方法得到 1 289 个随机选取的实验农户的时间和风险偏好系数，发现个人的风险态度和时间偏好会受到实验地区的地貌环境、降雨量及农作物种植种类等因素的影响而存在差异性。近年来不同学者发展了各异的农户风险态度测度方法，如通过对风险偏好选择的量表、是否购买彩票等来衡量个体的风险态度（Gloede et al.，2015；Jin et al.，2017）。

以 Holt - Laury 实验机制为基础，学者们利用前景理论，将其引入到农户的行为选择中，在世界不同地区对农户的风险偏好系数进行测算，探讨风险态度与其选择行为的关系，并得出了一些有益的结果和启示。如 Liu（2008）对中国农户的风险态度进行了测度，并发现风险偏好型农户更倾向于较早地接受新技术；Ayhan 等（2017）的研究认为，风险偏好的农户更倾向于移民。不同学者探讨了农户的风险态度与其财富或贫困状态之间的关系，Bezabih 和 Sarr（2012）的研究发现，风险偏好型农户更倾向进行多样化种植，风险厌恶的降低对减缓贫困有重要作用，Tanaka 等（2010）对越南农户的风险态度实验结果发现，在平均收入较高的村庄，农户的损失厌恶较低。

但是也有学者提出，单纯使用此实验机制会导致很难分清风险偏好是否单独取决于效用函数的凹度，即风险偏好也可能是由实验对象个体的一系列自身因素或者其背景风险造成的，个体的心理贴现率（Frederick，2002；Loewenstein，1992）和时间偏好（Tanaka et al.，2010）与风险偏好会一同影响个体的决策。而且随着对风险偏好和时间偏好研究的不断深入，不同学者发现除了风险偏好和时间偏好，社会偏好及模糊偏好同样会影响个体的行为（Chuang and Schechter，2015；Ward and Singh，2015），对个体风险偏好的研究成为个体行为及贫困问题研究的一个重要方面。

二、国内文献综述

（一）贫困现状、成因及减贫政策研究

借鉴国外的贫困理论，我国开展了对贫困问题的深入研究并取得了丰硕成果，形成了我国独有的特色贫困理论体系，主要包括我国贫困的现状与特征、贫困的成因、减贫政策及扶贫开发的实践研究等方面。近年来我国提出了精准扶贫政策，不同学者对我国精准扶贫做了大量有益研究，并提出了相应的政策建议。

不同学者依据国外对贫困问题的研究理论，总结了我国贫困与减贫研究的理论和实践（康晓光，1995），以及我国减贫战略中的历史阶段和制度变迁（丁军、陈标平，2010），并对我国不同阶段的农村贫困状况进行了调查分析。多数研究认为，在我国贫困阶段性特征中，我国农村贫困人口呈现逐步向西部生态脆弱的落后地区集中的趋势（李小云等，2004），

而且我国农村贫困人口的特征不断发生变化，扶贫政策也因此需要因时因地进行调整，如应该由社会救助向社会保护为主转变（徐月宾等，2007）。宋扬和赵君（2015）基于前人对贫困测度方法的研究，构建了适用于我国农村的贫困测度方法，并认为劳动力质量和劳动力数量是决定农户是否贫困的重要因素。

贫困的成因方面，首先，从制度视角看，我国长期以来的农村和城市户口制度、城乡发展不均衡被认为是农村贫困的重要因素（林卡，2006）。其次，不同生计资本的缺乏被认为是连片贫困地区农户处于贫困状态的另外一个原因（李小云等，2005），近年来不同学者关注贫困的代际传递、教育缺乏对贫困的影响（程名望等，2014；张立冬，2013）。同时，连片贫困地区的环境恶劣、自然禀赋差、外界信息缺乏，仍被认为是导致贫困的重要因素之一（曲玮等，2012）。还有一些学者的研究表明，金融缺乏也是导致农村地区贫困的重要原因，如丁军和陈标平（2010），吕勇斌和赵培培（2014）认为，金融扶贫是我国目前扶贫阶段中一种行之有效的扶贫方式，通过分析我国农村金融发展对缓解贫困的影响结果表明，农村金融的发展规模对农户减贫具有重要的作用。

我国从 1978 年以来的农村减贫政策大致经历了三个阶段，从起初对赤贫人口的救济式扶贫，到整村推进的开发式扶贫，再到后来注重培育农户参与及发展能力的参与式扶贫，体现了我国农村减贫的轨迹（蒋凯峰，2009）。各个地区也在减贫的实践过程中总结了各具特色的减贫模式，如以工代赈、移民搬迁、劳动力转移、整村推进等（任燕顺，2007；朱玲，1993）。另外有部分学者提出了"参与式"减贫方法（周常春等，2016；李小云，2005），认为减贫过程中应更注重农户主体的参与，李小云（2005）建立了参与式贫困指数，并在我国减贫实践中广泛使用。近年来，随着我国精准扶贫政策的推进，涌现出许多对精准扶贫政策的相关研究（汪三贵、郭子豪，2015；谢玉梅等，2016）。

我国农村贫困特征已发生重大变化，如贫困人口由以前区域性特征逐步转变为边缘化个体特征，扶贫政策也需因时因地调整，由区域性瞄准向个体精准瞄准转变，以精准识别真正需要帮扶的贫困群体（都阳和蔡昉，2005）。也有学者认为，长期的减贫战略太过注重被动扶贫，而忽视培育农户自身的发展能力及其脱贫意识，未来的减贫政策应从风险管理、培育后续发展能力方面促进其自动脱贫（张新文，2010）。大部分学者认为，目前由政府主导式的减贫的根本缺陷在于过分强调政府行为，使减贫过程中只有"输血"而未有"造血"。

（二）贫困的测度与多维贫困

根据国外比较成熟的贫困线测算方法，我国学者对不同时期全国和各区域的贫困率进行了测算，并根据我国贫困人口的特征，设定了适合我国实际情况的不同时期和不同地区的贫困线（刘福成，1998；朱晶、王军英，2010）。我国学者也在借鉴国外多维贫困测度方法的基础上，分析其优缺点，并构建适合我国农村贫困人口多维贫困测度的指标体系（张建华、陈立中，2006）。苗齐和钟甫宁（2006）利用借鉴国内外比较成熟的多维贫困测度方法，对我国农村贫困状态进行测度。陈宗胜等（2013）对我国不同时期不同贫困线下的贫困人口进行测定，并提出适合我国实际情况的相对贫困线。

减贫需要精确识别贫困个体，不论用何种方法测度贫困以及贫困线如何设定，都有可能导致贫困群体的识别不准确。地区开发、整体推进的扶贫政策有一定的缺陷，如针对性较差，无法精准定位特困群体，导致有限的扶贫资金外溢，没有最大限度地用于提高贫困线以下特别是最贫困者的收入（苗齐、钟甫宁，2006）。汪三贵等（2007）的研究表明，扶贫过程中存在扶贫对象不精准的问题，如在贫困村中，有约48%的村没有被瞄准。近年来不同学者运用各种方法提高农村贫困村和贫困个体的识别精准度（刘洪、王超，2018；朱梦冰，2017）。

针对个体贫困程度的衡量，学者多借鉴联合国开发计划署及 Alkired 和 Foster 开发的多维贫困指数进行农户的贫困状态测算，并且根据我国的实际情况进行了扩展和创新。不同学者依托上述多维贫困测度方法，对我国农户的多维贫困进行测度。研究结果表明，农户的卫生设施、子女教育和家庭成员身体健康成为贫困发生率最高的三个指标（王小林等，2009。张全红、周强，2014）；而且相对收入贫困，农户的教育、医疗和健康等维度的贫困程度更深（邹薇、方迎风，2011）。当然，目前对多维贫困指标体系应用仍存在的一个问题是对各指标的选择以及对其临界值的确定仍没有统一的标准，而且指标选择不同、临界值和权重的设置不同均会对测度结果产生重要影响，应因地制宜选择合理指标及权重建立适应不同区域的多维贫困指标体系（郭建宇、吴国宝，2012）。

（三）农户可持续生计研究

在贫困的理论分析框架中，脆弱性与可持续生计框架是最为流行的两个分析框架。而脆弱性会导致农户生计资本的缺乏，对脆弱性的研究也是对农户可持续生计研究的重要基础。针对脆弱性概念以及脆弱性和贫困之间关系的研究普遍认为，脆弱性是农户贫困的重要特征，农户由于所处环境恶劣、禀赋极差导致的极强脆弱性是农户贫困或返贫的重要原因（韩峥，2004；李鹤等，2008）。脆弱性可进一步细化分为资产波动性风险、收入波动性风险和人力资本波动性风险（杨龙等，2013），有学者也认为，在减贫战略中应将脆弱性纳入贫困监测中，以防止农户由于其脆弱性陷入贫困（黄承伟，2010）。

生计资本作为可持续分析框架的核心内容，学者们进行了较为全面的研究，多以失地农民、移民搬迁、退耕还林、工程移民等脆弱性群体为对象，探讨其未来发展的能力（丁士军等，2016）。研究结论多认为，农户的生计资本是其可持续性发展的基础，并对不同的生计资本进行详细分析，近年的研究尤其是针对工程移民、生态移民、贫困群体的生计资本的研究较多，多认为应着重培育移民农户的人力资本，进行可持续发展能力的再造（杨云彦等，2008）。黎洁等（2009）、李树苗等（2010）对退耕还林农户的生计状况进行分析，发现家庭中能够有人外出务工的农户，能够使生计多样化，获得更好的生计资本。同时，不同学者探讨了可持续生计框架下农户对气候变化的适应能力，农户的生计多样化以及基于可持续生计的精准扶贫方法及应用等问题（田素妍、陈嘉烨，2014；刘永茂、李树苗，2017；何仁伟等，2017）。

（四）风险冲击与贫困

对于发展中国家许多农户来说，处理风险是日常生活的一部分，发展经济学对农村家庭风险的阐释多从贫困角度切入，认为贫困家庭所面临的各种风险会对其造成重大冲击，直接影响其收入、健康等福利状况，甚至还会影响其家庭的整体决策，最终影响其长期的可持续发展能力（袁方等，2014）。农户由于其脆弱性，面临着更多的风险冲击（杨文等，2012），不同学者对农户面临的风险进行了详细分类，认为农户面临的风险主要有大病医疗、自然灾害、经营风险等（陈传波、丁士军，2003）。尤其是农户常年辛苦劳作，很容易受到大病医疗的风险，在遭遇大病医疗后应对乏力、花费金额巨大会给农户带来致命打击（蒋远胜和 Joachim Von Braun，2005；李哲等，2008）。

不同学者从可持续生计的角度对风险冲击的影响进行了分析，如许汉石和乐章（2012）利用可持续生计框架，以生计资本为视角，对农户在生计过程中面临的主要风险进行分析，发现农户生计过程中最容易遭遇大病医疗、子女教育和养老风险，此外，农户所拥有的生计资本对生计风险的影响极为复杂，尤其是身体健康、教育水平、自然风险等成为农户面临的主要风险（万文玉等，2017）。农户的风险认知会影响其保险意识及风险承担能力（叶明华等，2014），但个体的风险认知、保险意识和承担能力会因为教育水平、地区不同而表现出较强的异质性。

农户不仅会遭遇诸如自然灾害、市场波动、意外疾病等各类风险，更为重要的是在遭遇风险冲击后，极度缺乏相应的风险管理手段。农户的决策会受到风险冲击大小、风险偏好的不同以及政府引导和外部机制的完善程度等因素的影响，并且农户采取的不同风险管理手段和策略对其带来的生计恢复程度也有明显不同（徐美芳，2012）。农户风险应对可分为正规机制和非正规机制（徐磊等，2012），但发展中国家的农户往往缺乏较为完善的正规风险规避机制，如社会保障制度不健全、商业保险不完善，在这种情况下，农户只能选择较为保守的生产行为来规避风险（马小勇，2006）。

农户的非正规风险应对机制可分为事前机制和事后机制，事前机制主要有多样化种植（陈风波等，2005）、购买保险、收入来源的多样性（丁士军、陈传波，2001）；事后的风险处理策略主要有支付现金、提取存款、变卖家产、借贷、互赠钱财、让学童辍学、动用储蓄、向亲朋借钱、减少开支和外出务工等（万文玉等，2017）。

（五）机会缺失与贫困

我国学者也首先从机会不平等角度对机会缺失进行了研究，如有研究发现，性别、家庭、出生地区等因素的差异使社会个体的发展能力和机会可及性产生重大差别，进而导致了社会不平等（吕光明等，2014）。政府应当努力为每个个体创造一个公平的竞争环境，提升机会获得的平等性，不断缩小收入差距并消除社会不公（徐晓红、荣兆梓，2012）。近年来对机会的研究，多集中在个体在创业过程中是否能把握机会的影响因素，如张玉利等（2008）认为，拥有更多社会资本和社会关系，且具有较多社会经验的个体，能够从高密度的网络结构中发现更多的发展机会。对于农户来讲，较强的关系网络，如加入专业合作社或农业协会的农户，更容易识别出较多的创业机会；拥有外地打工经历或创业经历的农户，其识别机会的能力较强。大部分的研究结论认为，拥有强大关系网络、社会资本较高、具有较高工作和社会经验的个体更能够识别和把握机会（郭红东、丁高洁，2013）。

余向华和陈雪娟（2012）认为，农民工外出务工时会面临双重歧视，一是就业机会上受到"进入"歧视，二是工资的同工不同酬，尤其是我国的户籍制度导致了农户外出务工的就业机会严重缺乏，应向农户提供更多的进城务工机会，促进城乡就业平等（陈维涛、彭小敏，2012）。不同学者研究了我国收入不平等问题，均认为诸如经济机会、教育机会、社会保障机会等机会不平等是导致我国贫困人口多、收入差距大、幸福感差距大等不平等问题的重要原因（刘波等，2015；巫锡炜等2013）。

从机会缺失的角度，黄江泉（2013）认为，虽然很多农户尽其所能争取自我脱贫，但是由于自身能力和禀赋的缺乏、发展机会的缺失，减贫成效较差，仍存在严重返贫现象，预防返贫更是困难重重。美国学者米德进一步阐述了机会对贫困的影响，认为个体贫困的原因在于机会的缺失，而并不是没有发展能力或者不愿意利用能力进行发展。基于此，不同学者对我国农户能够获得的发展机会，以及不同发展机会对农户减贫及发展的作用进行了相关研究。

还有学者从不同发展机会对贫困的影响进行研究，发现为农户提供培训和外出务工的机会能够使外出务工农户获得更多收入，改善生计和贫困，而且能够使留守农户通过土地流转进行规模经营，促进减贫（钟甫宁和纪月清，2009）；为农户提供更多的诸如信贷等发展资金的经济机会，对农村贫困人口数量的减少具有显著的作用（单德朋、王英，2017）。农户能够获得的机会可分为金融机会、就业机会、教育机会、信息机会、培训机会等，拥有更多发展机会的农户更容易摆脱贫困（王文略等，2018）。

（六）风险态度与贫困

贫困农户要面对作物产量、生产成本、产品价格及政策的变异性，导致其面临着较大的风险和不确定性，同时，风险和不确定性在新技术的使用上作用表现得最为明显（郑宝华，1997）。脆弱群体面临着各种风险冲击，并且多种风险可能交织循环，使脆弱群体由于风险冲击而遭遇经济困难（陈传波、丁士军，2003）。此外，风险厌恶的农户外出务工、对人力资本的投资意愿等更低（罗楚亮，2012；邹薇、郑浩，2014），农户的风险态度对其行为决策有着重要影响。

借鉴国内外的相关理论，国内学者近年开始对个体风险态度进行实验研究，但相关文献较少。较为典型的如周业安等（2012）以大学生为实验对象，对其风险厌恶水平进行测度。基于 Holt - Laury 机制针对贫困群体的风险态度实验研究，多数为研究农户风险态度在技术应用和生产要素投入方面的影响研究，部分学者以新技术应用的时机来对农户风险偏好进行划分，如首先采用新技术的为风险偏好型，看别人采用后再采用或看有效果再采用为风险中性型，而选择不采用的农户为风险厌恶型（周波、张旭，2014）。仇焕广等（2014）同样应用该实验机制，测度农户的风险意识，并探索农户风险规避与化肥过量施用的关系。但上述学者使用此实验机制时，已将该实验方法很大程度上进行简化，只根据农户对实验中风险的选择对农户的风险态度进行归纳，并没有测算农户的风险厌恶系数。

由此可以看出，国内借鉴诸如 Holt - Laury 机制的受控激励实验对农户风险态度的研究仍较少，已有对风险态度方面的研究侧重于此类实验机制的引进，且实验对象多为文化程度较高的群体，虽然严格保证了实验条件，但是在解释实际公共政策及减贫问题时难以拥有较强的说服力。因此，以贫困农户为实验对象，在较大范围内应用该实验机制对我国贫困农户的风险态度进行测度并探讨其特征，分析贫困农户风险态度对其贫困状态的重要影响，将有助于掌握减贫过程中农户的行为决策，通过改善其风险态度，促进其把握一切可能改变其生活状态的发展机会，在未来减贫战略的制定中具有非常重要的指导意义。

三、国内外文献评述

通过以上的文献回顾可知，国内外对贫困问题的研究在内涵、形成原因、多维测度及减贫实践等不同方面已积累了较为丰硕的成果，为贫困问题的研究提供了丰富的研究视角及参考，但在新的减贫阶段，现有文献仍存在不尽完善之处。

第一，对贫困内涵的理解仍需进一步深化和扩展。目前国内外学者对贫困概念界定及内涵理解虽然各有不同，但总体可归结为收入贫困、能力贫困和权利贫困。但从贫困概念的发展历程来看，不同学者对贫困的理解仅停留在对贫困现象的概括和反映，仍没有对贫困的本质形成较有说服力的解释和阐述。虽然有学者在贫困的定义中提到脆弱性，其中包括了风险的要素，但大部分学者将脆弱性与无发言权、社会排斥视为权利缺失，归为权利贫困中，将脆弱性视为贫困群体缺乏权利的一种表现，没有突出风险在贫困内涵中的重要性，尤其是没有涉及机会把握对减贫的重要作用，应明确将风险与机会纳入贫困的概念中，使贫困的定义更加完善。

第二，农户致贫的原因中忽视了风险和机会因素。国内外对贫困形成原因的论点基本一致，均认为制度、资本、环境是导致贫困的三个基本因素，但也有研究说明单一的环境、资本或制度并非贫困的决定性因素。由此可以看出，贫困的成因本身是一个复杂的问题，其形成原因无法用单一的原因简单概括，而是由各种因素综合作用形成。更为重要的是，在现有贫困成因理论中，只从现象层面解释了贫困产生的原因，而忽视了风险和机会因素，风险冲击和机会缺失是导致贫困的本质因素。

第三，应用实验经济学对贫困问题的研究鲜有。机会缺失一方面是诸如金融、教育、信息等机会缺乏，更为重要的是，农户自身把握发展机会的意识严重不足，其实质是风险态度的不同。目前国内外对农户风险态度的实验研究已成为国际前沿，但在国内尚处于起步阶段，而专门从实验经济学角度对农户风险态度进行测度，并探讨个体风险态度在减贫中作用的研究尤其鲜见。利用实验方法测度贫困农户个体风险态度，研究农户风险态度对多维贫困的影响，并从改善农户风险偏好角度探讨减贫机制，以此为基础优化公共政策，是学术界和管理者面临的重要而紧迫的时代课题。

第三章　概念界定及理论基础

一、概念界定

(一) 多维贫困

对贫困的定义最早是从收入和满足人的基本需求角度考虑，Rowntree (1901) 对贫困的定义为"总收入水平不足以获得仅仅维持身体正常功能所需的最低生活必需品"(吴理财，2001)。随着对贫困问题研究的不断深入和对贫困的广泛理解，阿玛蒂亚·森提出能力贫困，认为贫困是由于能力的缺乏，扩展了贫困的概念和研究领域。在能力缺乏论的基础上，众多学者认为社会排斥、话语权等权力的缺失同样是贫困的表现，由此形成了权利贫困理论。世界银行将贫困的定义不断扩展和完善，如 1990 年将贫困定义为贫困不仅指物质的匮乏，而且还包括低水平的教育和健康；2000 年又扩大了贫困的概念，认为贫困还包括风险和面临风险时的脆弱性，以及不能表达自身的需求和缺乏影响力。对贫困的理解基本上包含以下三个方面的内容：收入贫困、能力贫困和权利贫困。

随着人们对贫困概念认识的不断深化和完善，对贫困的概念的界定也从收入贫困不断转向多维贫困，认为贫困已表现出多元化的特征，贫困不仅仅是收入贫困，而是一个多维、综合状态的表现，内涵也从狭义的收入贫困转向广义的人文贫困，目前，国际上对贫困表现多元化的特征已逐渐达成了共识，即贫困不仅是缺乏收入，而是一个多维的综合的状态表现，是人类发展中健康、教育和生活水平等各方面权利的剥夺 (UNDP，1997)，在此基础上，逐步形成了多维贫困的概念。

阿马蒂亚·森（1985，1999）将能力贫困纳入贫困分析框架后，世界上许多学者对多维贫困开始关注，以森的能力贫困为基础，联合国开发计划署（1990）从预期寿命、成人识字率和人均 GDP 三个指标来反映个体发展的健康、教育和生活水平。而后，联合国开发计划署（UNDP）在 2010 年开发了"多维贫困指数"，将衡量多维贫困的健康、教育和生活水平三个基本维度进行了进一步分解，形成了 3 个一级维度，10 个指标的体系（郭建宇、吴国宝，2012）。目前国内外对多维贫困的研究基本上遵循该多维贫困指数的测度方法，不过考虑到收入在贫困衡量中的重要性，多数学者将收入作为一个维度加入了该方法体系中。对于不同维度权重的确定，大多数学者采用等权重的方法。

在以往的研究中，对贫困状态的衡量多以某个国家或地区总的贫困发生率为代理指标，在对个体贫困状态的衡量中，对贫困的代理指标常以收入或消费为主，无法反映诸如农户生活水平、健康、教育等多方面综合的贫困状态，由此，本书选取农户的多维贫困指数为其贫困代理指标，来分析农户面临的风险冲击与机会缺失对其综合贫困状态的影响。本书在对农户风险态度对多维贫困影响的计量分析中，采用农户陷入贫困的维度数和贫困剥夺得分两个指标来衡量农户的贫困程度，既能够反映陷入贫困的维度数，又能够反映农户的贫困深度。

（二）风险冲击

在有关风险定义的研究中，"遭受损失的不确定性"是风险理论中最为普遍的定义方式，国内不少学者对风险的理解也均体现了这个内涵，如王磊（2017）认为，所谓风险是指会损害人们福利的各种未知事件，农户特别是贫困农户在脱贫过程中不仅要提高福利水平和生计资本，更为重要的是要规避生计风险，降低贫困农户的脆弱性，提升其可持续发展能力。

陈传波（2004）对农户面临的风险冲击进行了详尽的定义和说明，其中包括了三个方面的含义，一是不确定性，即发生不利后果的概率，以及不利后果的严重程度；二是风险，是可用概率来描述的事件。三是经济困难对于农户的影响，指农户在物质方面遭受的冲击并对其造成的后果和不利影响，它的发生可能是不可预知的，也有可能是能够预料，但已超出了农户自身处理能力以外的事件及冲击。不确定性、风险、经济困难三个概念均指农户面临的不利事件，或不利事件发生的可能性，或指可以预知但农户无力应对的事件，统一用风险这一词语来表达。本书对风险冲击的定义和分类沿用陈传波对风险的解释。

（三）机会缺失

对于机会，目前并没有一个完整的定义，奥地利经济学派对机会发现问题进行了阐述，认为机会发现是个体警觉作用的结果。后来的学者认为机会发现是个体获取、处理并解读信息价值的过程（Eckhardt and Shane，2003；Shane，2000；Shane and Venkataraman，2000）。对机会的研究，多从机会不平等的角度，Roemer（2002）把造成结果不平等的原因分为两类，即努力和环境，努力指个人可以控制的原因，例如学习的刻苦，工作的投入等，环境指个人无法控制的原因，例如种族、性别、家庭背景等，也就是机会。

2006年世界发展报告以公平与发展为主题，指出机会不平均是导致国家与国家之间以及国家内部个体收入不均及贫困出现的原因，为贫困群体提供促进其发展的外部机会是减贫战略中的重要策略（黄春华，2016）。从我国实际情况来看，我国的弱势群体在就业、社会保障、教育资源等方面都存在较为严重的机会不公现象，导致弱势群体的持续贫困和社会不公（高健、秦龙，2014）。

从森的权利贫困理论看，任何一种贫困，其本质都是由于权利或其他条件的不足或缺乏导致的，机会也是一种权利的表现，不应该被剥夺。贫困群体之所以陷入贫困无法脱离，关键原因在于获得机会的权利缺失，拥有较多机会的个体，会相应地获得更多的资源，获得较高的社会地位，并具有很大的发展潜力和空间，而机会缺失的个体，甚至无法满足其基本的生存需求。有学者认为，机会应该是一种资源，是每个社会成员生存与发展的可能性，王春光（2014）进一步将机会的定义为：机会是接近和获得资源的可能性和权利。

王文略等（2015）首次在贫困问题的研究中对机会进行定义，认为机会一方面是指外部介入提供给贫困群体的诸如政策、教育、就业及补贴的可能性，并进一步将个体能够获得的发展机会具体划分为金融机会、信息机会、培训机会和政策机会（王文略等，2018），本书沿用此划分方法，对农户能够获得的机会分为上述四类。机会缺失即无法获得上述机会中的一种或几种。对于机会另一方面的阐释是个体把握机会的主动性，把握能够改善目前生活状态的行为，如高风险偏好农户会倾向较早采用新技术、外出打工、提高自身能力等，从而更早地摆脱贫困。

（四）生计资本

Chambers 等（1992）认为生计是一种生活的手段或方式，生计活动指家庭为维持其生存和发展而采取的生产经营活动。以生计资本为视角对农户贫困及发展问题的研究，则赋予了生计更为丰富的含义，如认为生计是建立在能力和不同生产活动基础上的谋生手段。联合国环境和发展大会将解决贫困人口的生计作为消除贫困的主要目标，美国非政府组织 CABE（Cooperative for Asistance and Relief Everywhere）认为农户的生计包含三个方面，分别为农户所拥有的能力、从事的经济活动以及资产的可及性，并从生计供给、生计保护和生计促进三个方面对农户的生计进行解释。

Scoones（1998）将生计资本定义为个体所拥有的禀赋和能力，以此为基础进行生产活动来获得家庭所需的资产。随着国内外对生计资本研究的不断深入，不同机构和学者建立了各异的以生计资本为核心的可持续生计框架，以分析农户生计脆弱性的本质原因，并探讨改善农户生计的途径，可持续生计方法已成为贫困和发展问题研究的基本理论框架。其中 DFID 开发的可持续生计框架将生计资本分为人力、自然、物质、社会和金融资本五大类，对以生计资本为核心研究贫困和发展问题有重要的指导作用。

（五）风险态度

根据 David Hillson 和 Ruth Murray - Webster（2005）的理解，风险可以定义为对不确定性事件的反应和决策；而态度是对某种事实或结果的心智状态或倾向。结合二者的概念，风险态度可以定义为：针对目标有正面或负面影响的不确定性，个体对其选择的一种心智状态，或是对重要的不确定性的认知及对其进行选择或回应的方式（胡宜挺、蒲佐毅，2011）。

风险态度一般分为风险偏好（Risk preference）、风险中性（Risk neutral）和风险厌恶（Risk averse）三种。风险偏好是指个体在面临不确定收益时，更倾向于选择收益较高，但风险也较高的决策；风险厌恶是个体在面临不确定收益时，会倾向于选择另外一个更为保险但可能具有更低期望收益的选项；风险中性介于风险偏好和风险厌恶之间，指个体在面临收益决策时，既不冒进也不保守。

在国内的相关研究中，常将"风险偏好"与"风险态度"等同，如将风险偏好分为风险规避者、风险中立者和风险喜爱者（风险偏好者），由于其分类中有风险偏好，由此本书为防止混淆，统一将农户对风险的感知和回应方式称为风险态度，将风险态度分为三个级别，即风险偏好、风险中性、风险厌恶。

需要说明的是，在本书第八章中，利用 Holt – Laury 实验对农户的风险态度进行测度，使用风险厌恶系数和损失厌恶系数来衡量农户的风险态度，当风险厌恶系数小于 0 时，表示农户为风险偏好型，系数越小，越倾向于风险偏好；损失厌恶系数越大，越具有损失厌恶的特征，当面临有损失风险的决策时，越具有风险厌恶的特征。

二、相关理论

（一）贫困相关理论

1. 亚当·斯密的贫困思想

对贫困问题的研究最早始于亚当·斯密和大卫·李嘉图时代，正值第一次工业革命时期，在他们的著作中虽然没有明确贫困及减贫的概念，但强调了专业分工和资本积累、劳动力等要素对财富增长的重要影响，并探讨了国民财富增长的机理。斯密在《国富论》中对社会财富增长过程中出现贫困现象的原因进行考察和分析，并提出了相应的对策建议和解决思路。此外，斯密认为，劳动者的生活状况也是判断一个国家是否富裕的重要指标之一，他认为贫困的根本原因在于国家整体经济欠发达并且生产力水平低，导致财富生产不足，由此又导致了工人劳动工资的低下，工作劳动积极性低，工作效应差，又反过来影响了整个财富的创造，形成了贫困的恶性循环。

2. 马尔萨斯的贫困理论

到工业革命不断繁荣的时代，社会生产力有极大提高，但劳动人民的条件却没有显著提高，甚至出现了劳动者的贫困问题。马尔萨斯分析了其中的原因，认为是人口的过快增长导致了贫困。他在代表作《人口原理》中提出，人类的无限繁衍和增长会导致人口不断增长，而食品等人类生存必需品增长的速度永远赶不上人口增长的速度，同时，人口增长也会导致土地等资源供应的稀缺、劳动力市场供给增加，进而导致工资下降和失业增加。他认为在资本主义社会中贫困问题的出现主要在于人口增长的速度超过了生产生活资料增长的速度。

根据上述理论，马尔萨斯认为造成贫困的主要原因在于人口的增长速度超过了土地生产力水平的增长，将人口经济学的理论由人口与社会制度的关系扩展到人口与资源的关系，发展中国家也开始反思人口急剧增长所造成的压力，以及经济发展与人口增长如何保持平衡的问题，其提出的通过减缓人口增长来减贫的政策也有一定的借鉴意义。但其基于人口增长的贫困理论又具有鲜明的阶级性和辩护性，在世界范围内也受到不同的批判或质疑。

3. 马克思主义的贫困理论

马克思和恩格斯在工业革命之后阐述了无产阶级贫困的本质和根源，认为资本主义制度才是造成无产阶级贫困化的根源。他们认为，资本的增加必然导致资产阶级统治力量的增加，同时导致无产阶级生活资源的缩减。另一方面，资本增加所带来的技术进步创新必然提高生产效率，而降低对劳动力的需求，产生过剩劳动力并带来失业，进而使失业人口在面临经济危机或灾害时陷入贫困。由于资本主义的本质就是生产剩余，资产阶段掌握了全部生产资源，无产阶级出卖劳动力为资产阶级生产剩余价值，无产阶级的生活状况会随着资本的积累而不断恶化。

由此，他们认为如果要彻底解决贫困问题，最为核心的是要消灭资本主义雇佣劳动制。但马克思的贫困学说具有较强的制度分析特点，主要从资本主义制度背景下，探讨消除无产阶级贫困的措施，没有涉及社会主义制度视角下贫困问题的发生和解决，但其废除私有制、促进社会公平，实现人的全面自由发展的思想对于社会主义制度下的减贫也有一定的借鉴意义。

4. 发展经济学贫困理论

发展经济学初期对贫困的分析认为，发展中国家贫困问题的产生主要是由于资本匮乏以及投资严重不足，从而导致人均收入低下、经济发展动力不足。由于发展经济学中的贫困理论均认为资本的匮乏是导致贫困的核心因素，由此也被称为唯资本论，比较经典的理论有贫困恶性循环理论、低水平陷阱理论、循环积累因果关系理论等。发展经济学从 20 世纪 50 年代开始不断发展壮大，大部分经济学家均从资本的角度对贫困问题产生的原因进行分析，普遍认为资本投入不足是贫困产生的核心原因。

如罗格纳·纳克斯（1953）提出的"贫困恶性循环陷阱"理论，认为贫困产生的主要原因是资本的缺失，资本形成不足是导致"贫困恶性循环"的主要原因，要阻断"贫困恶性循环"，就必须在国民经济各个部门同时进行大规模投资，使各部分相互需求并实现全面发展，进而摆脱贫困，这种战略称为"平衡增长"战略。此后纳乐逊（R. R. Nelson，1956）提出了"低水平均衡陷阱"理论，认为人口增长会抵消人均收入增长，形成"低水平均衡陷阱"。缪尔达尔（Myrdal，1957）的"循环积累因果关系"理论认为贫困产生的原因是包括政治、经济、文化多方面的综合交织影响，因此对其研究应综合使用制度的、整体的及动态的方法进行研究。上述几个理论具有相对一致的观点，即均认为造成贫困的原因是某个国家或地区缺少促进经济发展的不同要素，如资本、自然禀赋、技术、劳动者素质等，故上述理论可称为资本缺乏论。

5. 人力资本理论

20 世纪 60 年代以后，国外不同学者开始注意到人力资本的重要性，除了强调物质和金融资本的重要性以外，逐步将人力资本作为经济发展的一个重要因素来考虑。舒尔茨通过分析 20 世纪初期到 20 世纪中期美国农业生产产量和生产率增高的原因，发现土地、人口数量及资本并不是农业生产产量和效率增长的主要原因，人的能力和技术水平的提高才是最主要的原因。

在贫困方面，他认为贫困的根本原因并不是空间、资源和环境，人力资本的缺乏是造成其贫困的主要因素，贫困人口之所以贫困是由于自身人口素质的低下，尤其是随着经济增长与社会进步，其他外部条件因素对个体发展产生的因素逐步降低，而自身的素质等人力资本的内部因素的重要性越来越突出。卢卡斯（Lucas，1988）和贝克尔在人力资本理论的基础上进行了扩展，如卢卡斯强调人力资本因素才是经济增长最为主要的内生因素，而贝克尔则从劳动边际生产力提高和资本收益递减规律的角度阐述了人力资本的重要性，这些理论可归结为资本缺乏论中的人力资本缺乏论。舒尔茨的人力资本理论认为加强人力资本投资是农村减贫的关键所在，这对于我国农村减贫战略具有重要的战略指导作用。

6. 权利贫困理论

20 世纪七八十年代，阿玛蒂亚·森提出了权利贫困理论，认为对贫困问题的研究，不能单一地考虑收入问题，而需要综合考虑个体的生存状态。其核心思想认为，权利缺失或其他条件的不足是导致贫困的根本原因。对贫困问题的研究，不仅要关注社会收入的差距及不公，更要重视贫困群体的福利，即绝对贫困问题。贫困绝不仅仅是收入低下的外在表现，从贫困者的收入低下和无法满足其基本生活需求，到社会认可、工作条件、医疗保障、教育等权利剥夺均是贫困的表现，为此，森创立了权利贫困理论与方法，认为贫困的实质就是权利的缺乏，导致个体或家庭的基本能力被剥夺或某些机会的丧失。基于对权利贫困的认识，森认为对贫困阶层的关注不能仅局限于其收入状况，而更为重要的是除收入以外的其他权利获得的情况，包括贫困阶层得到的法治权利，诸如健康、医疗、教育等机会、免于饥饿的最低保障等各项福利的获得等。

森的权利贫困理论的创立，以权利自由为价值取向，突破了以物质匮乏为核心的贫困定义，注重个人和家庭的福利增加，为贫困问题的研究开阔了视野，提供了新的研究方向，是贫困问题研究的一个重要里程碑。

（二）可持续生计理论

可持续生计基本概念的提出源于早期对贫困属性理解的加深，主要来自Sen（1981），Chambers 和 Conway（1992）对贫困概念的扩展及对解决贫困问题研究的深入，强调贫困除了收入之外最为主要的是发展能力的缺失，无法完成基本的生产经营和生计活动。世界环境与发展委员会也强调了满足贫困人口最基本需要，保持和增进资源生产力、创造更多的机会促进其持续发展。

从 20 世纪 90 年代开始，各国机构和学者发展形成了多种可持续分析框架，致力于寻找个体脆弱性的原因，并提出解决方案。英国国际发展计划署（DFID）可持续生计分析框架应用最为广泛，该分析框架共有五个部分，分别为脆弱性背景、生计资本、转换结构和过程、生计策略和生计结果，该框架认为，生计风险贯穿于人们实现生计可持续的整个过程中，把人看作是在"风险脆弱环境"中生存或谋生，风险和脆弱性直接影响着人们拥有的生计资本，以及可行的选择与能力、生计策略的选择，并间接影响生计后果。由此，生计结果核心是需要降低风险和脆弱性。

该分析框架强调，生计及其影响因素始终是处于发展变化的，对风险的治理也应从风险发生后的应对逐步转移到风险预防上。可持续生计分析框架将贫困人口的资源禀赋归结为五种生计资本，重视贫困人口的生计能力，认为减贫的关键是培养贫困人口的发展能力，尤其是抗风险能力。该分析框架提出了一个理解贫困的概念模型，具有很强的解释力和指导作用，展示了构成生计的核心要素及各要素之间的关系，为贫困农户生计风险的识别和防范、最终减缓贫困提供了全新的视角和思路（王磊，2017）。

（三）期望效用函数理论

期望效用函数理论（Expected Utility Theory），是由冯·纽曼和摩根斯坦建立的在不确定条件下，对理性人的决策和选择的一个分析框架。其函数形式如下：

如果某个随机变量 X 以概率 P_i 取值 x_i，$i=1$，2，$\cdots n$，个体在确定能够得到 x_i 时的效用为 U（x_i），此时，随机变量 x 给个体的效应可以表示为：

$$U(X) = Eu(X) = P_1 u(x_1) + P_2 u(x_2) + \cdots + P_n u(x_n)$$

$$(3-1)$$

（3-1）式中，Eu（X）为随机变量 X 的期望效用，U（X）为期望效用函数。

由于期望效用函数理论主要分析的是"理性人"在风险条件下的决策和选择行为，但人并非是纯粹的理性人，其选择和决策过程中会受到极其复杂的心理作用和机制的影响，因此，期望效用函数理论对风险决策影响的分析也受到学术界的质疑。

(四) 前景理论

Kahneman 和 Tversky（1979）首次提出了前景理论，认为个体的决策行为其实质是对不同风险结果的选择过程，而且在面对各种不同的确定和复杂环境时，决策者往往会受到自身的心智及所处环境的影响，根据自己的主观判断做出决策。同时，前景理论认为个体在面对获得和损失时的决策不一致，在面对损失时会表现出较强的风险偏好特征，而面对获得时会表现出较强的风险规避特征。

其基本原理可以通过几个效应简单说明，一是确定效应，即个体在面对确定性和概率性收益的选择时，多数个体会选择确定性的收益，如当个体面临 50 元的确定性收益和 50％的机会获得 100 元的收益时，大部分个体会比较倾向于选择 50 元的确定性收益，而不愿意冒险获得 100 元的不确定收益。二是反射效应，即面对确定性损失和概率性损失时，大部分个体会倾向于选择概率性损失，即使概率性损失的金额更大。三是损失效应，也就是说大部分个体对损失的感受要远大于对获得的感受，如失去 200 元的痛苦感要远比意外获得 200 元的喜悦感强得多（庞易明，2012）。

三、基于风险冲击与机会缺失的多维贫困理论再构筑

世界银行（2000）年在对贫困的定义中涉及脆弱性，其中包括了风险的要素。樊明丽（2014）等认为贫困的脆弱性是前瞻性的度量，是测度家庭暴露于未来风险、冲击而给家庭成员发展能力带来约束的一种事前估计。其他学者对脆弱性做了概念解释及测量（黄承伟，2010；韩峥，2004；杨文，2012；万广华，2014），但大部分学者将脆弱性视为贫困群体缺乏权利的一种表现，没有突出风险冲击在贫困内涵中的重要性，尤其是没有涉及机会把握对减贫的重要性。笔者认为，应明确将风险与机会纳入贫困的概念中，使贫困的定义更加完善。贫困的本质应是缺乏应对风险冲击的能力及没有把握获得更好生活的机会。

风险冲击包括两个方面，一是静态风险，如人们面临的气候变化、经济

危机、疾病、自然灾害、社会的动荡与冲突、家庭成员疾病、死亡和作物、家畜的病害等所有可能为贫困群体带来冲击和影响的因素。二是动态风险，指原有富裕的群体在遭遇风险后陷入贫困的可能性。

机会不仅仅简单指由外部介入提供给贫困群体的诸如政策、教育、就业及补贴的可能性，更为重要的是指贫困人口能够主动进行改变，把握能够改善目前生活状态的行为。如贫困农户较早采用新技术、外出打工、提高自身能力等，虽然这些行为不能完全保证使其脱离贫困，但大量事实证明，只要贫困人口能够主动把握一切可能的机会进行改变，他们的生存状态是可以逐步改善的。

（一）风险冲击与机会缺失致贫的理论分析

依据不同的贫困理论，学者们开始寻找产生贫困的原因，虽然对贫困形成的原因莫衷一是，但主要集中在三个方面：制度、资本和环境。

1. 制度不利论

马克思主义的贫困理论认为，消灭资本主义雇佣劳动制度是彻底解决无产阶级贫困问题的根本途径；Townsend（1979）阐述了制度与贫困的关系，认为贫困的原因在于分配不公和相对剥夺。Pikett（2014）用翔实数据和生动事例揭露了资本主义贫富差距扩大的总趋势，贫困人口增多，并阐释了制度是造成贫困的原因。

从国内研究看，我国的户口制度、城乡二元经济结构等制度都被认为是造成不同时期贫困的成因。叶普万（2006）认为贫困是由于制度因素和非制度因素所造成的使个人或家庭不能获得维持正常的物质和精神生活需要的一种生存状态。匡远配（2006）认为制度创新不足和有效制度滞后是造成贫困的重要原因。大部分学者都认为经济增长对减贫有着不可忽视的重要作用（夏庆杰等，2010），但收入差距的扩大阻碍了经济增长减贫效应的发挥（陈立中，2009；李小云等，2010；林伯强，2003；罗楚亮，2012b；万广华、张茵，2008）。近年来有关制度对贫困影响的研究主要关注不同政策对贫困的作用（苗齐、钟甫宁，2006b）、社会保障制度方面（都阳和 Park，2007；张川川、赵耀辉，2015）。

无论在何种社会制度下，长期以来都在不断优化其各种制度安排以改变贫困状况，但至今通过制度的改变和创新并未能完全解决贫困问题，事实上却加剧了贫富差距扩大、相对贫困人口增多。如陈飞和卢建词（2014）的研究表明，虽然收入增长使得贫困人口比例下降，但分配不公平降低了减贫速度，并导致低收入群体的收入份额不断萎缩。

2. 资本缺乏论

20 世纪 50 年代以来发展经济学的壮大，开拓了贫困研究新的理论视野。大多数发展经济学家从资本角度分析，普遍认为资本投入不足是造成贫困的重要原因。比较典型的理论有"贫困恶性循环陷阱""低水平均衡陷阱""临界最小努力"理论、"循环积累因果关系"等。

舒尔茨提出了贫困人口人力资本的缺乏是造成贫困的主要因素；Naschold（2012）提出了"家庭资产贫困陷阱"理论，认为拥有稳定资产、大面积土地并且受到良好教育的家庭贫困的概率会小很多。Christiaensen 等（2013）依据人力资本论，认为农户通过生产的兼业化、获得更多的生计资本，在一定程度上能够减轻贫困。

国内学者认为人力资本缺乏（胡鞍钢，2012），基础设施的投资不足（林伯强，2005），家庭资产，特别是土地的拥有情况等资本缺乏导致了农村贫困（邢鹂等，2008）。胡鞍钢和李春波（2001）于 21 世纪初提出了知识贫困，认为知识贫困将成为中国面临的最严峻挑战之一。另外很多学者认为农村贫困家庭具有明显的代际传递现象（张立冬，2013）；程名望等（2014）认为健康与教育所体现的人力资本是影响农户收入水平的显著因素；王春超和叶琴（2014）等从收入和教育角度考察了我国农民工的多维贫困状况；薛美霞和钟甫宁（2010）探讨了劳动力转移与农村贫困状态的关系，这些观点形成了资本缺乏论。但也有学者的研究表明不同资本对减缓贫困作用不显著甚至为负。如教育质量对贫困的影响不显著，教育数量恶化了贫困状态（毛伟等 2014）；农村金融规模有利于减缓贫困，但农村金融效率对缓解贫困有负向影响（吕勇斌和赵培培，2014），在一定程度上有悖于资本缺乏论的思想。

根据资本缺乏论，向贫困地区投入大量的资本会减缓贫困，但从实践和相关研究来看，我国长期以来向贫困地区投入了大量的人力、物力、教育等资本，但所起的减贫效果并不理想，并产生了一些负面影响，如我国政府扶贫投入逐年增加，引发地方政府公共支出决策的扭曲、资金的低效使用甚至挥霍等（毛捷等，2012）。另外，资本主导型的扶贫效率不高，如政府主导型的投资倾向，寻租现象比较严重，同时难以调动起穷人的积极性。

3. 环境约束论

从环境角度，Mkondiwa 等（2013）通过实证研究论述了马拉维农村地区缺水和贫困的关系，对贫困产生的自然环境决定论进一步印证。20 世纪 90 年代以来，国内外将地理信息技术和遥感技术的应用及空间计量方法应用到贫困的研究中，将环境对贫困的影响扩展到空间层次。如 Daimon（2001），Bird（2003a）基于印度、津巴布韦、越南等国家的贫困类型研究表明，地理位置偏远、农业生态环境恶劣、基础设施和公共服务供给不足及政治上处于不利的区域更容易陷入空间贫困陷阱；Okwi（2007）通过对肯尼亚农村贫困发生率与地理条件关系的探寻，发现海拔、坡度、土地利用类型等因子能够显著解释贫困空间格局。

曲玮等（2012）认为自然地理环境制约仍然是导致贫困的重要因素之一。但毛学峰和辛贤（2004）认为在资源禀赋充足的地区同样有大量贫困人口；万广华和张茵（2006）对中国沿海与内地贫困差异比较研究认为，内地贫困高发主要归因于资源利用效率的低下，而不是资源禀赋的欠缺，可见自然资源和环境并非贫困的决定性因素。

国内外对贫困形成原因的论点基本一致，均认为制度、资本、环境是导致贫困的三个基本因素，但也有研究说明单一的环境、资本或制度并非贫困的决定性因素。由此看出，贫困是由各种因素综合作用形成，更为重要的是，在现有贫困成因理论中，只从现象层面解释了贫困产生的原因，而忽视了风险和机会因素，风险冲击和机会缺失是导致贫困的本质因素。

4. 风险冲击与机会缺失

随着对贫困含义的不断扩展，人们逐渐认识到经济的和非经济的外部冲击会加剧贫困（沈小波、林擎国，2005），由此将脆弱性纳入贫困分析，而脆弱性的一个重要表现就是风险冲击。Ligon 和 Schechter（2003）将脆弱性分为贫困和风险两个因素，并进一步把风险分为两个次级因素：总体风险和特殊风险。

世界上不同国家和地区的居民都面临着自然灾害，脆弱群体在遭受这种风险冲击后很容易导致贫困（Carter et al.，2007）。如 Dercon 和 Christi-aensen（2011）等对埃塞俄比亚的研究表明，当收获减产时，农户不仅会减少消费，而且会减少化肥的使用量，产出效率降低，陷入贫困陷阱。陈传波和丁士军（2003）的研究也表明，脆弱群体面临着资产风险、收入风险、消费风险的交织和循环，多种因素都可能使脆弱群体遭遇经济困难。

贫困者所表现出来的贫困表征，并不一定由其自身的禀赋决定，如连片贫困地区由于其自身的环境、基础设施、经济发展水平所限制，无法为农户提供就业机会、教育、贷款等，使其陷入贫困，如果能够为其提供良好的教育、技能培训、工作机会或优惠贷款，并在儿童教育、养老、医疗等制度上提供外部机会支持，那么他们就很有可能摆脱贫困（左停等，2018），由此，农户贫困的另外一个重要原因是发展机会的缺失。

表 3-1 中对贫困成因理论的发展和完善历程进行了简单的总结和比较。将风险冲击与机会缺失加入贫困的成因中，可使贫困的成因理论更为完善和合理。

表 3-1　贫困成因理论的完善与扩展

名称	制度不利论	资本缺乏论	环境约束论	风险冲击和机会缺失
贫困本质	制度：社会制度、分配制度、城乡二元结构	资本缺乏：人力、教育、家庭资产、土地	恶劣的生态环境、地理位置偏远、资源禀赋的缺乏	风险冲击、机会缺失、风险厌恶
提出时期	19 世纪 50 年代	20 世纪 50 年代	20 世纪 80 年代	21 世纪
减贫策略	改变现有制度、制度创新	投入大量实物、人力、教育资本	改善环境、移民政策、劳动力转移	风险管理、改变贫困人口的风险态度，提供更多的发展机会

（二）机会把握的本质—风险态度不同

对机会的把握，其实质是对风险态度的不同，如高风险偏好群体会率先接受新事物、采用新技术，从而比其他人较早脱离贫困，而低风险偏好群体总是抱着观望态度，不愿冒险而仍旧采用他们认为保险但实际上落后的技术或行为。Tung（2009）等对越南三省农户的研究表明，高风险倾向的农户较低风险倾向农户更容易进行劳动力多样化和土地种植多样化。Azam（2006）对非洲农户的研究发现，相对富裕的农户具有更强的冒险精神，并获得更高的收益。Rosenzweig（1992）的研究表明，富裕的农户从事更多的投资风险性生产活动，并且获取了更高的收入。罗楚亮（2010）研究发现，农户外出务工显著降低了农户陷入贫困的可能性；邹薇和郑浩（2014）的实证分析表明，贫穷农户进行人力资本投资的意愿较富裕农户低。

风险和机会往往相伴而来，二者是一个相对的概念。风险是负担，同时也是机会，为了追求机会，人们必须面对风险，风险和机会的本质是个体风险态度的不同。穷人由于意识到负面冲击会使他们陷入赤贫、破产或危机，可能就会坚持使用那些看起来比较保险但实际上落后的生产技术和谋生手段，而不冒险把握或尝试能够使其生活变得更好的各种机会，从而长期陷入恶性贫困陷阱。由此，不同学者对个体风险态度进行了研究，创立了基于风险与机会的减贫分析框架。

实验经济学引入个体风险态度的研究开拓了个体风险态度的研究视野，Von Neumann 和 Morgenstern（1945）、Kahneman 和 Tversky（1967）分别提出了期望效用函数和前景理论，成为个体风险态度研究的理论基石，Holt 和 Laury 设计的 Holt‐Laury 实验机制开创了个体风险态度研究的新领域。Liu（2008）利用 Holt‐Laury 实验机制考察中国农户应用新技术的风险偏好，发现具有冒险意识的农户采用新技术更早。Tanaka 和 Munro（2013）在乌干达运用 Holt‐Laury 机制，发现个人的风险态度和时间偏好也存在差异性。

国内对个体风险态度的研究较少，较为典型的为周业安（2012）等以大学生为实验对象，计测实验对象的风险厌恶和不平等厌恶水平。目前国内仍鲜有此类基于 Holt‐Laury 机制的针对贫困群体的风险实验研究，因此，以脆弱性贫困群体为实验对象，应用此类实验机制较大范围地研究我国贫困群体的风险态度对贫困的影响，将是未来贫困问题研究中一个新的分析思路和框架。

（三）基于风险冲击与机会缺失的多维贫困分析框架

可持续生计方法框架成为目前对贫困和发展问题研究的一个经典和基础框架，它为发展和贫困的研究提供了一个重要问题的核对清单。在分析农户面临的风险冲击及机会缺失之前，对农户生计构成全面掌握，才能更好地理解农户面临的风险冲击及发展机会的缺失对其生计资本的影响，进而理解对农户贫困状态的影响。同时，农户面临的风险冲击，不仅仅会影响其收入，而诸如健康风险、自然灾害等会直接导致农户的健康状态、生活水平下降，农户发展机会的缺失，会使农户在教育、健康等方面得不到较好的发展，最终影响其多维贫困。

穷人由于意识到负面冲击会使他们陷入赤贫、破产或危机，可能就会坚持使用那些看起来比较保险但实际上落后的生产技术和谋生手段，而不冒险把握或尝试能够使其生活变得更好的各种机会，风险冲击会导致农户更加风险厌恶，陷入低投资、低回报的贫困陷阱。机会缺失一方面是发展机会的缺乏，更为重要的是农户把握发展机会的意识不足，机会缺失的本质是风险态度厌恶。

由此，本书以可持续生计框架为基础，纳入风险冲击与机会缺失要素，以农户的生计资本为中介变量，分析农户面临的风险冲击与机会缺失通过生计资本进而对农户多维贫困状态影响，探讨农户风险态度对多维贫困的影响，以期更为深入地理解农户面临的风险与机会对多维贫困的影响机理，以及风险态度在多维贫困中的重要作用。

基于以上相关文献的总结和分析，提出一个基于风险冲击与机会缺失的多维贫困分析框架，如图 3-1 所示。贫困成因可归纳为风险与机会，风险冲击和机会缺失通过生计资本中介变量影响农户的多维贫困状态，由于风险冲击造成贫困，所以进行风险管理，以事前防止富裕群体陷入贫困及原本贫困的群体更加贫困的可能性。对于机会缺失，应加强外部介入，提供更多的发展机会，使贫困农户增强后续发展能力。农户意识到遭遇风险冲击会使他们陷入贫困，为了规避风险往往选择使用他们认为较为保险的低风险、低回报的传统生产技术或谋生手段，从而使其长期陷入贫困，也就是说，遭遇风险冲击会使农户更加具有风险厌恶的倾向；机会的缺失，一方面是外部机会不足，更为重要的是农户不愿承担一定的风险，把握能够改善他们生计的发展机会，即机会缺失的本质是风险态度厌恶，由此，使用实验经济学方法，测度贫困农户的风险态度，并探讨风险态度对其多维贫困的影响，是在风险冲击和机会缺失视角的基础上，对贫困问题研究的一个重要方面。

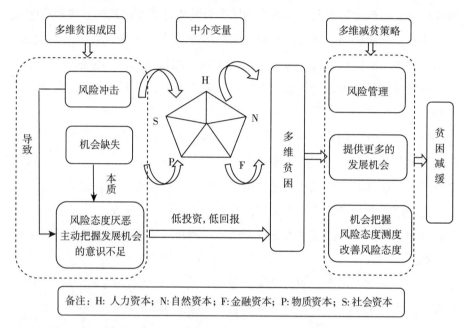

图3-1　基于风险冲击与机会缺失的多维贫困分析框架

（四）本章小结

通过对国内外学者关于贫困概念及成因的文献梳理，明确了将风险与机会纳入贫困的含义中，将贫困定义为缺乏抵御风险的能力及没有把握获得更好生活的机会。风险冲击是造成贫困的重要因素，机会缺失是脆弱群体无法摆脱贫困的重要阻碍。

可持续生计理论为发展及贫困问题的研究提供了较为成熟的研究框架，本章在可持续生计理论框架的基础上，纳入风险与机会要素，构建了基于风险冲击与机会缺失的多维贫困理论分析框架，以期更为准确地理解风险冲击与发展机会通过影响农户的生计资本对其多维贫困状态的影响，同时，更加明确风险态度在农户多维贫困中的重要作用。

对风险的有效管理是农户脱贫的重要手段，风险管理一方面是事前的预测和防范，有效的风险管理可将导致贫困的可能性降至最低，从源头防止贫困的出现，同时也是一种最为节约成本的减贫方法。另一方面在遭遇不可避免的风险后，有效的风险应对策略能够使贫困农户避免扩大风险冲击带来的损失。风险与机会相伴而生，对更好生活机会的把握，其实质是个体风险态度的不同。借助实验经济学，探讨不同脆弱群体风险态度减贫的影响，将是未来农户减贫研究中一个重要的研究方向和创新。

第二篇　现状篇

第四章 连片贫困地区农户贫困现状及问题

本章首先在概述我国农村减贫历程的基础上，对连片贫困地区样本农户的贫困状态进行了分析，并总结连片贫困地区农户减贫过程中存在的普遍问题，以对我国连片贫困地区农户的贫困现状有系统的了解，为下文的研究提供基础。

一、我国农村减贫历程及概况

（一）我国农村减贫历程

我国农村自新中国成立以来，就不断进行减贫，大致经历了六个主要历史阶段。

1. 以基本制度建设为基础的减贫阶段（1949—1977 年）

此阶段主要从社会主义各项制度建设入手，以社会主义经济建设为奋斗目标。1949 年新中国刚成立时，我国尚处于一穷二白状态，农村的贫困更是超乎想象。首先，此阶段的减贫主要从社会主义各项制度入手，如消灭私有制并建立公有制，大力帮助农户发展生产，以快速解决温饱问题。其次，大力改善基础设施，如农村交通、灌溉等，建立和完善社会保障体系、农村金融体系以及农村教育和卫生体系。经过基本制度的建立和基础设施的完善，使我国大多数农村人口初步解决温饱问题，生活水平有了一定提高。

2. 经济体制改革为动力的减贫阶段（1978—1985 年）

1978 年以前，中国农村长期以人民公社制度为主，农户生产的积极性不高，导致土地使用率极度低下。为此，国家进行了土地改革，以提高农户的生产积极性。土地改革实施家庭联产承包责任制，使户户有土地，农户可以自主生产，多劳多得，激发了广大农户的生产经营积极性，极大提升了生产效率和土地使用效率，农产品产量直线上涨，对该阶段的经济发展和农村减贫作出了巨大贡献。此外，农产品市场体系的重建，地权和土地流动制度的实施，使农村经济迅速发展，农产品价格不断提升，农业产业结构的调整以及农户向非农领域的转移，很大程度上改善了农村贫困。

3. 以区域开发援助为导向的减贫阶段（1986—1993 年）

20 世纪 80 年代中期，大部分农民凭借农村经济改革红利，自身的艰苦奋斗和区域优势，获得了经济的快速增长，农民生活条件逐步改善。但以西部地区为代表的边远农村，自然环境恶劣、社会经济条件发展缓慢，对其发展产生了严重的制约，发展水平严重滞后于国内其他地区，与东部沿海地区的经济发展水平迅速拉大，我国农村发展不平衡的问题也初步显现。这些落后地区的贫困农户在这一阶段仍有很大一部分不能满足其食物和住房的基本需求，大部分分布在当时国家划定的集中连片贫困地区，多位于相对落后的中部和西部地区，被称为"老、少、边、穷"地区。国家在此阶段发布了多个扶贫开发的文件，主要针对这些严重贫困的集中连片贫困地区进行有针对性的扶贫开发措施，主要注重贫困地区自然、社会和人力资源的利用和开发，改变以往单纯分散救济形式，转向区域开发援助。经过此阶段针对性的区域扶贫开发，农村减贫取得了重大成就，贫困人口数量急剧下降，但也呈现出农村贫困人口更加集中的问题，剩余的 8 000 万农村极贫人口主要集中在交通不便、生态脆弱的偏远地区。

4. 八七扶贫攻坚阶段（1994—2000 年）

从 1986 年到 1993 年，我国整体的温饱问题逐步得到解决，农村还没有解决温饱的极贫人口由 1.25 亿人下降到了 8 000 万，但有向区域化集中的趋势，尤其是向中西部落后地区集中，如在 1994 年的贫困县中，有 80% 以上的国定贫困县在西部地区，西部地区的贫困人口占全国贫困人口的 90% 以上。由此，国家制定八七扶贫攻坚计划，计划通过加强基础设施建设、完善教育文化体系等途径，于 21 世纪彻底解决绝对贫困问题。到 2000 年年底，八七计划的目标基本实现，绝对贫困人口已减少到 3 000 万人。八七扶贫阶段是区域开发扶贫的延续，不仅计划解决绝对贫困人口的温饱，而且要使一部分贫困农户进一步改善生产生活条件。

5. 以贫困村为瞄准对象的减贫阶段（2001—2010 年）

进入 21 世纪以后，农村绝对贫困人口已不断减少，贫困面逐步缩小，但是呈现出更加集中的特点。由此，国家在此阶段以村为单位进行瞄准，于 2001 年发布了新的扶贫开发纲要，彻底解决绝对贫困问题，解决少数贫困人口的温饱问题。此外，着重以村为单位，改善贫困地区的生产生活条件，如基础设施建设、边远贫困地区的教育完善等。最为典型的扶贫方式为整村推进，如一村一品等产业发展方式进行整村扶贫，快速降低村级的贫困发生率。

6. 精准扶贫阶段（2011—2020 年）

虽然至 2011 年，我国农村减贫取得了巨大成果，但全面的开发式扶贫仍存在效率低，不精准的问题，往往最为贫困的农户享受不到扶贫政策。由此，国家从 2013 年明确提出了精准扶贫的思想，总体目标是到 2020 年，贫困人口能够满足其基本需求，保障贫困地区的义务教育、基本医疗和住房，贫困人口的纯收入增长幅度高于全国平均水平。该阶段对贫困村为主的扶贫对象更加细化，更为精准地识别剩余农村贫困人口，进行重点帮扶，在 2020 年实现全面脱贫的宏伟目标。精准扶贫已取得巨大成果，农村绝对贫困人口逐年下降。当然在精准扶贫过程中也出现了一些问题，如识别仍不精准，助长农户"等靠要"思想等，而且连片贫困地区一些极贫农户由于严重缺乏后续发展能力，成为后续减贫中的难点问题。

（二）我国连片贫困地区农村贫困概况

我国长期以来的减贫战略成效显著，从 1981—2013 年，全世界绝对贫困人口从 18.93 亿减少为 7.66 亿，而中国对全球减贫的贡献率则达到了 75%。但不可忽视的是，截至 2017 年年底，我国仍有近 3 000 万农村贫困人口，而且剩余部分的贫困多分布在连片的深度贫困地区，贫困程度深，发展能力不足，成为减贫过程中的重中之重和难中之难。而且，从集中连片贫困地区的地理分布看，连片贫困地区多分布在自然生态环境恶劣、海拔较高的山地、石漠化和沙漠边缘地区，还有部分少数民族地区、边境地区和革命老区，这些地区距离城市较远，经济发展落后，交通等基础设施条件极差，教育、医疗、文化、社会保障等公共服务极度落后（左停、徐加玉、李卓，2018）。

14个连片深度贫困地区覆盖全国21个省（自治区、直辖市）的680个县，9 823个乡镇。2016年连片贫困地区农村贫困人口有2 182万人，贫困发生率10.5%。相比2012年，4年来累计减少2 885万人，平均每年减少721万人。党的十八大以来连片深度贫困地区农村贫困人口减少规模占同期全国农村贫困人口减少规模的51.9%。2012—2016贫困发生率下降速度较快，从2012年的24.4%下降至2016年的10.5%（图4-1）。

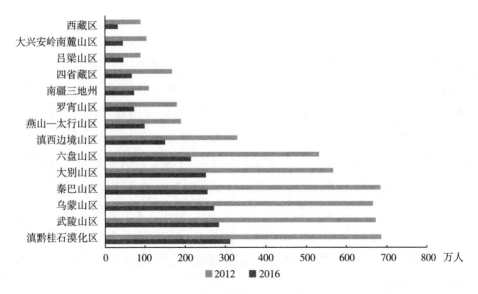

图4-1　2012年、2016年各连片贫困特困地区贫困人口规模对比

数据来源：国家统计局农村贫困监测调查。

但连片贫困地区由于贫困面广、贫困程度深，要在2020年实现全面脱贫，任重道远。分片区看，滇黔桂石漠化区有农村贫困人口312万人，贫困发生率11.9%；武陵山区、乌蒙山区、秦巴山区、大别山区及六盘山区五个连片特困地区农村贫困人口仍在200万～300万人之间，其中乌蒙山区和六盘山区的贫困发生率分别达到13.5%和12.4%，减贫形势十分严峻（图4-2）。

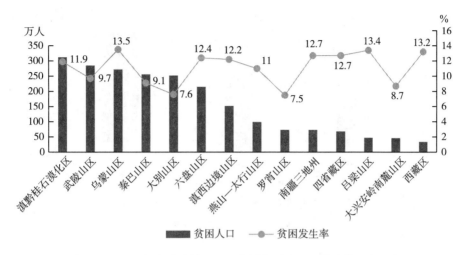

图 4-2　2016 年各连片特困地区农村贫困人口规模及贫困发生率

数据来源：国家统计局农村贫困监测调查。

我国 76% 的贫困县处于生态脆弱区，95% 的农村深度贫困人口生活在生态环境极其脆弱的地区，这部分深度贫困人口极易遭受自然及外界的风险冲击，使其长期处于贫困状态或返贫，成为减贫过程中的重要阻碍。同时，由于贫困人口自身禀赋不足，生计资本缺乏，极度缺少可持续发展的外部机会，成为其持续脱贫的羁绊。

二、连片贫困地区农户贫困现状

(一) 人均纯收入极低

根据对连片贫困地区的调研数据，按人均纯收入 2 300 元/年的贫困标准，在所调研样本中 2015 年低于贫困线的有 1 156 户，占 60.15%。按每天 1.9 美元标准，低于该标准的户数占 68.73%，而人均纯收入低于 1 000 元的农户占样本量的近 50%。2015 年全国居民人均纯收入为 2.12 万元，农村居民的人均纯收入为 1.14 万元，连片贫困地区的极贫农户的人均纯收入仅为同年全国居民平均的 1/20，为同年农村居民平均水平的 1/10，在近年消费水平不断上涨的趋势下，部分贫困农户仍处于 1 000 元的收入水平以下，可见连片贫困地区农户的贫困状态之深，与其他地区的差距之大（图 4-3）。

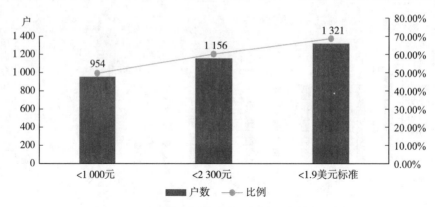

图 4-3　连片贫困地区农户不同收入户数及比例

数据来源：实地调研统计所得。

（二）生产生活条件艰苦

贫困地区农户的居住环境仍十分恶劣，从样本农户所居住的位置看，仍有 5.90% 和 32.08% 的农户分别居住在深沟和山坡，有 62% 的农户居住在平地，而房屋材质也以土坯房和砖木房居多，在贵州和云南地区多为十分简陋的砖墙，四壁漏风。人均住房面积为 24.38 平方米，人均耕地 1.75 亩，平地仅占 41%，其余均为无法灌溉的坡地和梯田。

仍有 20.23% 的农户未通水，饮用水是自来水的仅为 62%，深井水占 15%，8% 的农户仍使用无任何卫生标准的收集雨水；2.07% 的农户仍未通电。做饭的燃料仍以煤炭和柴火为主，分别占样本农户的 48% 和 60%。所调查农户环境卫生设施严重不足，如在甘肃省景泰县，很多农户甚至没有最简陋的旱厕，更何谈现代化的人居卫生设施。

贫困农户多居住在交通不便的高山或山沟中，样本农户中离公路的平均距离为 2.12 千米，离集镇的平均距离为 8.29 千米，离小学的平均距离为 3.93 千米，由于交通不便，且大多家庭无力购买摩托车等交通工具，有 30.26% 的农户到最近的集镇中去只能依靠步行，需要花费的时间平均为 55.91 分钟。

（三）家庭资产积累极度贫乏

由于生活困苦，收入很低，很多贫困家庭家徒四壁，拥有的家庭资产寥寥可数。大部分贫困家庭只拥有最基本的家电如电视机、洗衣机及简单家具，与外界联系的通信手机也仅为一两百元的，很多家庭拥有最大的资产为摩托车，同时也是主要的交通工具。样本农户中多年积累的家庭资产平均仅有9 076元，不足当年全国人均存款余额。样本农户拥有电视机的比例为89.44％；洗衣机的比例为71.23％；摩托车的比例为47.81％；手机的比例为89.18％；冰箱的比例为46.15％；电磁炉的比例为40.37％；太阳能的比例为11.24％；每户所拥有家具的价值平均仅为2 602.47元，并且除使用寿命较短的家庭资产外，仍有较多农户使用10年以上的家电及家具（表4-1）。

表4-1　样本家庭拥有家庭资产户数及比例

	户数（户）	比例（％）	超过10年的户数（户）	超过10年的比例（％）	超过20年的户数（户）	超过20年的比例（％）
电视机	1 719	89.44	589	34.26	69	4.01
洗衣机	1 369	71.23	202	14.76	5	0.37
摩托车	919	47.81	153	16.65	4	0.44
手机	1 714	89.18	43	2.51	0	0.00
冰箱	887	46.15	68	7.67	2	0.23
电磁炉	776	40.37	33	4.25	0	0.00
太阳能	216	11.24	6	2.78	0	0.00

数据来源：调研数据统计整理所得。

（四）健康状况较差，劳动能力不足

所调研人口中，18％的人口身体状况为一般，分别有10％和3％的人口身体状况为不好和极差，极差的这一部分人口多为常年吃药或残疾，基本丧失劳动力。调研样本中农业劳动力人数共有3 404人，占总调研人数的42.59％，农业外劳动人数2 176人，占总调研人数的27.23％，其中需要赡养的学生和老人数有2 714人，占全部人口的33.96％。失业人数中男性98人，女性163人，合计占所调研人数的3％，还没有包括未全年从事农业或打工的间歇性失业人数。拥有技能的劳动力人数仅有160人，只占调研样本总人数的2％，充分说明劳动技能的低下严重制约着贫困人口的脱贫步伐。

（五）教育程度处于较低水平

在所调研人口中，户主的文化程度分布分别为没上学占22％，小学占

40％，初中占31％，高中和高中以上文化程度分别占6.7％和0.3％。全部人口的文化程度分布分别为没上学占24％，小学占35％，初中占28％，高中和高中以上文化程度分别占9％和4％（图4-4、图4-5）。从文化程度来看，贫困人口主要为小学及以下和初中文化，文化素质偏低成为制约贫困人口脱贫的重要因素之一。我国2015年劳动力的平均受教育年限为9.28年，从调研数据看，贫困地区劳动力大部分为小学、初中文化水平，90％以上的人口受教育年限在9年以下，低于2015年劳动力平均受教育年限。

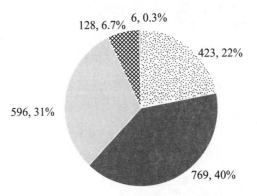

图4-4　样本农户户主文化程度分布

数据来源：调研数据统计整理所得。

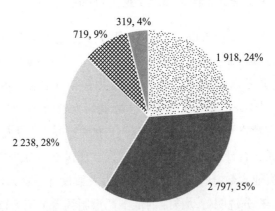

图4-5　样本农户全部人口文化程度分布

数据来源：调研数据统计整理所得。

三、连片贫困地区农户减贫存在的问题

（一）贫困农户抗风险能力弱，应对策略单一

贫困农户抗风险能力极弱，一旦家庭经历大事、变故、不确定事件等风险冲击，将会使原本贫困的家庭负债累累，长期陷入贫困状态，甚至会使脱贫农户返贫。根据调研数据，贫困家庭遭遇的风险冲击最多的为大病医疗，占 21.54%，其次较多的分别为养老风险和借款交学费，分别占 17.12% 和 5.72%，花费的费用平均为 3.4 万元和 4.6 万元，对贫困家庭造成严重冲击。

农户在遭遇风险冲击后，应对策略极其匮乏，选择频次最高的为亲朋借款，比例达 77.63%。其次为动用储蓄、外出打工、减少开支，选择频次分别为 28.30%、20.14% 及 15.19%，而银行贷款仅占 7.39%，不足 10%，说明农户在遭遇风险后，仍主要依靠自身及亲朋来应对风险，靠银行贷款应对的比例较低。一方面说明农户由于缺乏担保人和资产抵押，从银行或信用社等金融机构贷款的可能性仍较低，另一方面贷款后的利息负担也是农户考虑的重要原因。从应对策略数量来看，大部分农户的应对策略只有 1 项，占 48.85%，应对策略有 2 项和 3 项的分别占 39.20% 和 10.31%，有 4 项以上的仅占 1.64%，农户的风险应对策略十分单一。

从农户应对风险求助的对象看，主要仍为近亲，选择频次为 88.81%，其次为朋友，选择频次为 26.53%。选择信贷机构的频次不足 10%，尤其是农户在遭遇风险后，能够从集体获得帮助进行应对的仅为 1.25%。

（二）能够获得的机会不足，后续发展能力弱

连片贫困地区农户由于地处偏远，交通不便，信息不畅，能够获得的外部发展机会严重不足。如缺乏培训机会，导致贫困农户无法外出打工或只能从事简单的体力劳动，收入增加有限；受文化程度限制，很多农户不能够通过电脑或手机上网查询就业、技术等信息，信息机会缺乏；虽然近年来因为精准扶贫政策的实施，政府向连片贫困地区农户提供了大量物力、财力支持农户发展，但能够享受到精准扶贫政策机会的农户仍只占少数，在调研样本

中，能够获得精准扶贫政策扶持的农户不足 30％。

此外，即使贫困农户有扩大生产经营或转换更好生计的动机，但由于其自身积累不足，社会关系羸弱，无法筹集扩大再生产所需要的资金，同时，由于缺乏担保人和资产抵押，加之利息较高，农户从银行贷款的可能性较小，导致其没有足够的金融机会，限制长期发展。由于各种发展机会的缺失，使连片贫困地区农户缺乏发展动力，导致其长期陷入多维贫困。

（三）种植业比较收益低、外出务工困难

种植业长期以来都是农民赖以生存的根本和主要收入来源，但随着第二产业和第三产业的发展，农业的比较收益明显降低，加之连片贫困地区农业生产受自然条件限制及自然灾害的影响较大，此外近年农产品价格波动频繁，农资价格持续上涨，导致农业生产收益持续下降，甚至有些生态恶劣地区农业生产的收益为负。如在甘肃省景泰县，小麦的产量仅为 50 千克/亩，而其投入至少在 100 元/亩以上，而相比我国粮食主产区河南、山东等地，粮食产量基本在 500 千克/亩以上，相差悬殊。很多农户已将种植业作为提供自己口粮的途径，不再依靠种植业来获得家庭收入。

由于种植业的比较收益降低，大部分农户需要依靠外出务工维持生计，对于家庭成员中有青壮年劳力外出打工的家庭可以依靠打工收入来改善生计，进而逐步脱贫，而对于无青壮年劳力的家庭，或家庭成员有重大疾病，以及需要照顾孩子上学的贫困家庭，则无法通过外出务工改善家庭收入，且无其他收入来源，将会长期陷入贫困。同时，近年来我国整体经济发展趋缓，各个行业发展不景气，导致贫困农户外出打工难度加大。

根据调研数据，全家务工收入为 0 的农户共有 638 户，占全部调研农户的 33.19％，全家务工人数为 1 人的占 35.48％，2 人以上外出务工的占 31.32％。在调研样本中共有 1 911 人外出务工，平均务工月数为 9.3 个月，人均务工毛收入为 2.44 万元/年，有两人以上务工的家庭，平均获得的务工毛收入为 5.15 万元。同时，由于外出务工农户文化程度低，多从事诸如建筑、服务业等低端工作，而且工作极不稳定，一年内往返的次数平均为 3～4 次，一般为农忙时节回乡务农，农闲时期返回城市务工。

有 65％的农户家中有老人或子女就学，需要主要劳动力照顾，从而导

致贫困农户主要劳动力无法外出务工。有成员外出务工的家庭，外出务工往返交通费平均为 1 167.88 元，租房住宿费 4 320.06 元，城市内交通费 790.54 元，伙食费 888.99 元，合计在外花费费用平均为 8 600 多元/年，较大的开销使很多农户外出务工仅能维持自己在城市的生活，而没有剩余工资补贴家用。同时，外出务工信息的缺乏、技能不足，以及文化程度低下等因素，导致贫困农户外出务工困难重重。

（四）教育负担较重，贫困代际传递明显

由于撤乡并镇、集中资源等原因，很多偏远地区已逐步撤并小学甚至中学，偏远地区贫困农户适龄儿童的教育成为家庭的重要负担。根据调研数据，样本农户中距离小学的平均距离为 3.93 千米，贫困农户子女就学需要步行很长时间，同时由于偏远地区学生数量减少，为节省资源，师资力量和水平急剧下降，在一个小学只有两三名教师同时向六个年级学生授课的现象屡见不鲜。学前教育设施在偏远地区基本没有，很多贫困农户家庭子女只能缺失幼儿园阶段的教育，偏远贫困家庭子女在初级阶段就已经落后于乡镇及城区同龄儿童的教育水平，在后期的教育中由于无法考取初、高中而被迫辍学，或需要支付借读费等其他高额的费用才能继续求学。

同时，教育支出已成为贫困农户家庭的一项重要开支，调研样本中子女上学费用平均为 2 291.35 元，生活费为 3 106.26 元，其中有教育支出的家庭平均教育费用及生活费为 4 772.00 元、6 925.50 元，教育费和生活费合计平均占家庭总支出的 23.55%。虽然国家近年在教育扶贫政策中实施了一系列行之有效的措施，如九年义务教育的普及、免除贫困高中生学杂费等，但贫困家庭子女教育中必需的租房、交通、伙食费等隐形成本仍较高。贫困家庭多居住偏远，为使子女接受更好的教育，需要到乡镇甚至市区就学，产生较高的交通费、伙食费，如学校不提供住宿，需要在学校附近租住房屋，家庭中的女性通常选择在学校附近陪读，但农村家庭的特殊性使男性无法单独完成农业生产和生活，农业收入骤减，甚至一部分农户放弃熟练的农业生产到县城打工，由于年龄大、缺乏技能等原因，外出务工收入很低，使家庭由于子女就学而陷入贫困。

此外，在调研样本中，贫困家庭户主的上一代或上两代中最高文化程度

有高中以上的仅占 1.98%，有国家干部、村干部及经商的占 1.35%、5.38%、3.24%，贫困的代际传递明显。

（五）自然条件恶劣，产业发展缓慢

连片贫困地区多为生态脆弱区，自然条件恶劣，根据对连片贫困地区农户的调研，由于大部分连片贫困地区山大沟深，交通不便，仍有部分地区不通水电，手机无通信信号，使贫困农户基本与外界隔绝，无法获得能够促进其发展的信息，使其长期缺乏发展能力，无法摆脱贫困。同时，居住地的限制使其打工不便，只能依靠仅有的土地维持生存，而生态环境恶劣又导致农业生产的收益极低，无法维持其家庭生产和生活。

产业发展是吸纳劳动力，提高贫困农户收入的重要渠道。单家独户的农业生产已慢慢不适宜我国农业经济的发展，并且农业生产收益的逐步降低也要求农户不断适应农业的规模化和农业产业化的发展，而目前贫困地区农业产业发展相当缓慢。由于青壮年劳力大部分外出打工获得收入，剩余经营农业的多为老年群体，且农业生产也仅能够维持温饱，再加之缺乏现代化农业生产的新知识、新技术，农业产业化经营困难。青壮年如能在家庭周边就业，既能够照顾家庭，又可以兼顾农业生产，也不会产生留守儿童等问题，是摆脱贫困的较好路径，但根据实地调研，贫困地区由于地处偏远，交通、通信等基础设施匮乏，无法支持二、三产业的发展，即使某些地区在贫困地区周边有矿产等资源型产业，也只能吸纳极少一部分贫困农户就业，大部分贫困地区周边产业发展非常缓慢，无法为贫困农户提供就业岗位。

（六）借贷难度巨大，发展资金匮乏

贫困农户进行扩大再生产或再发展需要原始的资本，而这正是贫困农户最缺乏的。发展需要的资本除了自身积累之外，只能通过两个途径获得，一是向亲戚朋友借款，二是向金融机构贷款。由于贫困农户自身人力资本的缺乏，其社会关系相当贫乏，调研样本农户中亲戚朋友中有干部的仅占7.95%，城市中有亲戚朋友的占 15.89%，亲戚中相对较为有钱的占11.80%，大部分农户交际的社会关系与其本身的生活水平差距不大，由此看来，贫困农户向亲戚朋友借款的可能性很小，同时，由于其家庭贫困，考虑到其偿还能力，亲戚朋友即使有能力，也不一定能够为其提供借款。

向金融机构借款也是困难重重，由于贫困农户无资产抵押，且没有能够做担保人的社会关系，使其向金融机构贷款成功的可能性很小。调研样本中11.39%的农户表示向农村信用社或农业银行贷款时被拒绝，主要原因在于缺少抵押和家庭收入太低，同时，银行贷款的利率太高也是贫困农户贷款中考虑的一个主要因素，即使能够获得贷款，贫困农户也会担心无法偿还利息和本金而望而却步，发展资本的缺乏，严重束缚了贫困农户脱贫致富的步伐。

四、本章小结

我国农村减贫历程经历了六个主要阶段，取得了巨大成就，为全国及全世界减贫事业作出了巨大贡献。截至 2017 年仍有近 3 000 万农村人口处于贫困状态，尤其是连片贫困地区农村贫困程度深，贫困面广，是减贫战略中的重中之重。

本章通过对我国 8 个连片贫困地区的农户调研，对连片贫困地区农户的贫困状态及减贫中存在的主要问题进行了分析，发现目前连片贫困地区农户收入极低，生产生活条件差、家庭资产贫乏、劳动能力不足，且文化程度整体低下，减贫过程中普遍存在的问题有贫困农户抗风险能力弱、应对策略单一；能够获得的机会不足，后续发展能力弱；种植业收益低、外出务工困难；教育负担较重；自然条件恶劣，产业发展缓慢；借贷难度巨大，发展资金匮乏等。

第五章　连片贫困地区农户多维
贫困测度与分解

随着人们对贫困概念理解的不断深化，对农户贫困状态的评价不仅需要考虑收入方面，而且应该从健康、教育和生活水平等方面综合考虑，多维贫困测度方法为衡量农户的多维贫困状态提供了较为完善的方法体系，本章借鉴 AF 多维贫困测度方法，对样本农户的多维贫困程度进行测度，并从不同维度进行分解，以深入了解连片贫困地区农户综合的贫困状态。同时，农户多维贫困测度的结果也为后面章节的计量分析提供数据基础。

一、连片贫困地区多维贫困指标体系构建

（一）多维贫困指标体系维度选取

随着贫困理论的不断发展和完善，对贫困程度的测度和衡量也随着贫困理论的发展由单纯从收入角度向多维度发展。单一的收入角度的贫困界定以世界银行的一天一美元或两美元的贫困标准应用最为广泛（Ravallion and Chen，2007），Foster 等于 1984 年首先提出了 FGT 贫困指数，奠定了贫困测度的理论基础。Sen（1999）提出了多维贫困的概念，认为贫困应该包括教育、医疗等多个方面。1996 年联合国开发计划署（UNDP）在人类发展报告中提出的能力贫困指数，用健康、教育和生活水平三个维度来衡量个体能力的缺失，而后 Alkire 和 Foster（2012），Sabina 和 Alkire（2009）提出了相对成熟的 AF 方法，成为学术界广泛采用的多维贫困测度方法。

对于多维贫困测度体系中的维度设定，多以 UNDP 的健康、教育和生活水平三个维度为基础，根据所研究问题的侧重而进行不同的扩展。郭建宇和吴国宝（2012）认为多维贫困不同指标、指标取值和权重的不同设置对多

维贫困估计结果产生重大影响。多数学者在健康、教育和生活水平的基本维度上加入收入维度（张全红、周强，2015a），还有不少学者加入了社会关系（崔治文等，2015）、基础设施、市场参与（张童朝等，2016）、养老保险、劳动力剥夺（李俊杰、李海鹏，2013）、政府扶持（吴秀敏等，2016）等维度。本书在借鉴 AF 多维贫困测度方法的基础上，考虑到农户收入对其减贫的重要性，在原有健康、教育和生活水平三个维度上加入收入维度，共四个维度对农户多维贫困进行测度。

1. 教育维度

接受教育是我国公民所享有的基本权利，目前我国实行九年义务教育，并逐步探索将九年义务教育延长至 12 或 15 年，保障所有公民能够获得基础教育。按照森的可行能力剥夺理论，受教育权利的剥夺意味着个体寻求发展机会的丧失，是陷入贫困的重要表现。借鉴 AF 多维贫困中教育维度的贫困线设定，本书将教育维度分为两个细分维度，一是受教育年限，如家庭成员最高受教育水平为小学，或有家庭成员 18 岁以上未完成 6 年基础教育，视为该维度陷入贫困。二是适龄儿童就读，如家庭成员的适龄儿童至少有一名 6 岁以上儿童失学，视为在该维度陷入贫困。

2. 健康维度

身体健康是确保个体有劳动能力，并通过自身的劳动获得收入及发展的基本条件，尤其是在农村，农户多从事体力农业劳动，其身体健康程度直接影响到其收入。而从实际情况来看，常年从事体力劳动，加之收入低微、就近医疗条件落后，经常会导致农户的家庭成员患病，影响其劳动能力，尤其是部分农户常患有慢性病，需要常年吃药，其本就微薄的收入仍需支付高额医疗费用。近年来随着我国农村医疗保障体系的逐步健全，农村合作医疗已基本实现全覆盖，但仍有农户由于其家庭条件极差或思想意识不足，而未参加农村医疗保险。由此，本书对健康维度同样分为两个细分维度，一是家庭成员的健康状况，如家庭成员中有患有严重疾病，常年吃药或住院的成员，视为在该维度陷入贫困。二是如没有参加医疗保险，视为在该维度陷入贫困。

3. 生活水平维度

生活水平是衡量农户生存状态的重要指标，如农户的住房诸如水、电的基础设施以及卫生安全方面均体现了农户的综合生活水平。本书对生活水平的维度细分为 6 个方面，不同细分维度的临界分别为：做饭燃料非煤、电、液化气或天然气；不能使用室内冲水马桶；没有自来水；没有电力；住房为土坯房；家庭中没有或极少有家用电器和交通工具。如果农户家庭存在上述 6 个方面的情况，被认为分别在做饭燃料、卫生设施、清洁饮用水、照明、住房和耐用品维度存在贫困。

4. 收入维度

无论根据单一测量的传统贫困认定方法，还是根据近年发展起来的多维贫困测量方法，收入都成为不可或缺的重要指标，农户收入增加，同时可以改善在教育、健康和生活水平方面的贫困。目前对贫困线的设定主要有两个参考标准，一是参考世界银行确定的一天 1.9 美元的标准。二是参考我国确定的以人均纯收入衡量的贫困标准，我国对以人均纯收入为贫困线衡量的标准经过几次调整，最新划定的贫困标准线为人均纯收入 2 300 元/年，即农村居民家庭人均纯收入低于 2 300 元/年时，为贫困人口。在我国不同地区减贫战略实施的过程中，不同地区依据各自的经济发展水平和减贫目标，多将此标准提高，由于本书所研究区域为深度贫困地区，故仍沿用国家标准的贫困线，即人均纯收入低于 2 300 元/年的农户家庭认定为收入贫困。

（二）多维贫困指标体系权重设定

虽然相对于使用单一指标的收入来衡量农户的贫困状态，多维贫困更能反映农户综合的贫困状态，但用于衡量多维贫困状态的多维贫困指数仍有很多问题有待解决，尤其是多维贫困指标体系中指标选择和权重设定。如现有的使用较多的多维贫困指数指标中并未包括诸如政治权利等维度，而且在每个指标的临界设定时也有一定的主观性，如对教育剥夺的临界应该确定是以小学还是中学等问题。对于多维贫困指标权重的设定，大多数学者将健康、教育和生活水平三个大的维度平均，即每个维度占 1/3，每个细分维度再次平分确定每个细分维度的权重。由于注意到收入对农户减贫的重要性，近年对多维贫困的研究多加入收入维度，权重设定仍以等权重法居多。

由此，本书对于多维贫困体系的维度和指标的权重，采用了国际上通用的维度和指标的双重等权重法（周强、张全红，2017），目前 Sabina 等

(2011)，王小林（2012），John Mazunda 等（2012）学者在多维贫困测度时均采用等权重法，即教育、健康、收入、生活水平 4 个维度的权重各占 25%。

（三）多维贫困指标体系构建

基于 Sen（1976）的能力贫困思想，本书借鉴国际上普遍认同的 AF 多维贫困测度方法，并结合实际调研的情况进行了适当的调整和完善，考虑到收入指标对农户家庭经济状况评价的重要作用以及农户收入贫困的严重性，将收入维度加入指标体系中，最终确定了 4 个维度 11 项指标来计算我国主要连片贫困地区的贫困程度，4 个大的维度包括教育、健康、生活水平和收入；教育维度指标分别为受教育年限、适龄儿童就读；健康维度包括健康状况、医疗保险；生活水平维度中共有 6 个细分维度，包括做饭燃料、卫生设施、清洁饮用水、照明、住房、耐用品；最后是收入维度，以农户的年均纯收入衡量。

具体指标体系及权重设置见表 5-1。

表 5-1　多维贫困维度指标及剥夺临界值

维度	指标	剥夺临界值	权重
教育	受教育年限	家中最高受教育水平为小学，或 18 岁以上未完成 6 年教育的	0.125
	适龄儿童就读	家中至少有 1 名 6 岁以上儿童失学	0.125
健康	健康状况	家庭成员中有患有严重疾病，常年吃药或住院	0.125
	医疗保险	没有医疗保险	0.125
生活水平	做饭燃料	常用的做饭燃料非煤、电、液化气或天然气	0.0417
	卫生设施	不能使用室内冲水马桶	0.0417
	清洁饮用水	不能使用自来水	0.0417
	照明	家中不能使用电	0.0417
	住房	房屋材质为土坯房	0.0417
	耐用品	家用电器中彩色电视机、洗衣机、冰箱、空调、电脑、微波炉、电饭煲、手机等最多拥有 1 种或者交通工具中电动车、摩托车、汽车中 1 项也没有	0.0417
收入	人均纯收入	人均纯收入低于 2 300 元/年	0.25

二、连片贫困地区多维贫困测度与分解方法

(一) 多维贫困测度方法

假设有 n 个农户样本，其多维贫困测度指标由 d 个指标组成，矩阵 $X = (x_{ij})_{n \times m}$ 表示个体 i 在 j 维度上的集合上，$Z = (z_1, z_1, \cdots, z_n)^T$ 表示不同维度上被剥夺的临界值向量，当 $x_{ij} < z_j$ 时，认为个体 i 在 j 维度上是贫困人口，当 $x_{ij} \leqslant z_j$ 时，记为 $g_{ij} = 1$。即：

$$g_{ij} = \begin{cases} 1 & x_{ij} \leqslant z_j \\ 0 & \text{其他} \end{cases} \qquad (5-1)$$

贫困人口发生率指数 H，表示贫困人口 q 占样本总人口 n 的比重，即 $H = \dfrac{q}{n}$，将 $H_{(R)}$ 表示为多维贫困人口发生率，下标 k 表示不同维度的临界值，如果个体在 k 或 R 以上个维度上被剥夺，被认为是多维贫困。即

$$H_{(k)} = \frac{\sum_{i=1}^{n} q_{ij}(k)}{n} \qquad (5-2)$$

令 w_j 表示不同维度的权重系数，$q_{ij}(k)$ 为个体 i 在不同维度上的剥夺值加总，当个体至少在 k 个维度上贫困时，有 $c_{ij}(k) = \sum_{i=1}^{m} w_j g_{ij}$，可以得出另一个指数 A，贫困强度指数，等于所有贫困个体平均被剥夺的维度数与总维度数 m 的比值，也称作多维平均剥夺程度 $A_{(R)}$。表示为：

$$A_{(k)} = \frac{\sum_{i=1}^{n} c_i(k)}{\sum_{i=1}^{n} q_{ij}(k) \cdot m} \qquad (5-3)$$

以 M_k 记为多维贫困指数，则

$$M_k = \frac{\sum_{i=1}^{n} c_i(k)}{nm} \frac{\sum_{i=1}^{n} q_{ij}(k)}{n} \times \frac{\sum_{i=1}^{n} c_i(k)}{\sum_{i=1}^{n} q_{ij}(k) \cdot m} = H_{(k)} \times A_{(k)}$$

$$(5-4)$$

目前学术界对多维贫困的临界仍没有定论，如联合国以剥夺得分为参考，而国内的研究多以农户陷入贫困的维度数多少为参考。如以 k 表示农户陷入贫困的维度数的临界值（如 2 个、3 个），r 表示农户贫困剥夺得分的临

界值，以联合国对多维贫困的界定，当 $c_i > r$ 时，个体 i 被认为是多维贫困，目前多取 $r = 0.333$ 为临界值，即当农户的贫困剥夺得分大于 0.333 时，被认为是多维贫困（张全红、周强，2015b）。以国内多数研究对多维贫困的界定，当 $k > 3$ 时农户为多维贫困，即农户陷入贫困的维度数大于 3 个时，被认为是多维贫困。k 的取值在 0 和 11 之间，即农户可能没有在任何一个维度陷入贫困，也可能在 11 个维度全部陷入贫困。

（二）多维贫困分解方法

对于贫困的分解，多为根据城市和农村、研究的不同区域、不同的维度进行分解并测算不同指标的贡献度（张全红、周强，2014；杨龙、汪三贵，2015），以不同维度的分解为例，

$$M_{(k)} = H_{(k)} \times A_{(k)} = \frac{\sum_{i=1}^{n} c_i(k)}{nm} = \frac{\sum_{i=1}^{n} \sum_{j=1}^{m} w_j g_{ij}}{nm} = \sum_{j=1}^{m} \frac{\sum_{i=1}^{n} w_j g_{ij}}{nm}$$

$$(5-5)$$

其中，$\dfrac{\sum_{i=1}^{n} w_j g_{ij}}{nm}$ 为维度 j 的贫困指数，进一步可以计算得出第 j 个维度对贫困的贡献率 β_j，

$$\beta_j = \frac{\dfrac{\sum_{i=1}^{n} w_j g_{ij}}{nm}}{M_{(k)}} = \frac{\dfrac{\sum_{i=1}^{n} w_j g_{ij}}{nm}}{\dfrac{\sum_{i=1}^{n} c_i(k)}{nm}} \qquad (5-6)$$

三、连片贫困地区农户多维贫困测度与分解结果分析

（一）样本农户不同维度下的贫困状况

表 5-2 所列为我国连片贫困地区全部样本区及 8 个片区各自的不同维度的贫困发生率，从全部样本看，贫困发生率最高的为卫生设施维度，以是否有冲水厕所为临界值，由于调研地区为我国深度贫困地区，所得结果也符合实地调研情况，大部分深度贫困地区卫生设施较差，如在六盘山区的甘肃景泰县，甚至无像样的旱厕，卫生条件极度落后。

表5-2　连片贫困地区多维贫困发生率

单位:%

	全部样本	秦巴山区	六盘山区	滇黔桂石漠化区	乌蒙山区	大别山区	武陵山区	燕山—太行山区	吕梁山区
受教育年限	7.80	5.00	2.10	13.99	13.04	5.00	4.22	0.00	1.00
适龄儿童就读	9.37	5.00	2.99	14.93	15.56	7.50	3.80	3.43	6.00
健康状况	11.91	23.75	15.87	8.40	14.25	17.50	5.49	9.80	16.00
医疗保险	9.05	0.00	33.53	4.66	3.81	0.00	1.69	1.47	15.00
做饭燃料	29.71	47.50	10.48	30.97	20.76	95.00	22.36	60.78	35.00
卫生设施	92.61	95.00	97.01	89.74	93.94	90.00	81.86	97.06	99.00
饮用水	31.11	7.50	13.47	51.87	34.76	52.50	9.70	36.27	13.00
照明	3.07	8.75	0.00	2.80	7.54	0.00	1.69	0.49	2.00
住房	20.50	50.00	8.38	20.15	35.84	2.50	10.97	17.16	13.00
耐用品	53.49	21.25	32.93	54.48	68.25	42.50	64.98	63.73	35.00
人均收入	60.15	51.25	51.80	61.19	70.82	60.00	47.68	65.69	59.00

　　贫困发生率占第二位的是收入维度,以2015年中国贫困线2 300元衡量,全部样本中仍有60%的农户在收入维度陷入贫困,可以看出连片贫困地区收入仍是致贫的最大根源,而收入在家庭贫困改善中具有核心作用,收入增加能在诸如住房、耐用品等维度进行改善。

　　全部样本中耐用品维度贫困发生率为53%,在不同维度贫困发生率中排第四位,说明深度贫困农户所拥有的家庭资产仍十分缺乏,较为普及的家用电器为电视机,拥有率为89%,而电冰箱、洗衣机等家用电器拥有比例仍较低,拥有这些电器的农户家庭仅占46%和71%。交通工具中,有摩托车或电动车的家庭仅占48%。

　　从教育水平维度看,受教育年限的贫困发生率和适龄儿童就读贫困发生率分别为7.8%和9.37%,可以看出连片贫困地区的普遍文化程度仍较低。虽然近些年国家大力推进九年义务教育,并逐步将九年义务教育延长至12~15年,但连片贫困地区仍有近10%的适龄儿童在不同阶段辍学,主要集中在初中和高中阶段。义务教育虽然免除了学杂费,但居住在偏远地区的贫困农户子女就学仍需支付交通、住宿等必需的其他费用,对深度贫困农户仍是较大负担。

从健康维度看，有近 12% 的家庭中有长期吃药或住院的成员，整体健康状况不佳。家庭成员身体状况不佳时，不仅减少了劳动力，而且需要其他家庭成员照顾，使其他家庭成员无法外出打工增加收入，更为重要的是，家庭成员的医疗会导致大笔开销，虽然中国近年来大力推进农村医疗保险的覆盖率，但仍有 9% 的农户未参加医疗保险，即使农户参加了医疗保险，现行的报销标准仍较低，而且部分药品或门诊不在报销范围，导致农户家庭一旦有成员常年生病，会迅速陷入贫困。调研样本中，农户年平均自付的医药费达 3 693 元，最高的农户达 13 万元，对深度贫困农户来讲是致命打击。

生活水平维度中，通电维度贫困发生率已较低，但整体样本中仍有 3% 的农户由于居住非常偏远、架设电力设施困难，无法使用最基本的生活用电。仍有 30% 的农户仅使用柴火做饭，无法使用现代化的电、天然气、煤气等设施，当然这也与农户的生活习惯以及柴火的免费可得性有关。

住房维度中，仍有 20% 的农户的住房材质为土坯房或石板房，尤其秦巴山区、滇黔桂石漠化区和乌蒙山区住房条件极差。在饮用水维度，仍有 30% 以上的贫困农户无法使用自来水，主要原因是部分农户居住偏远分散，自来水设施无法到达，还有一部分干旱地区极度缺水，导致农户只能饮用水质无法保障的收集雨水甚至长途跋涉挑水饮用，对身体健康带来极大隐患。

（二）样本农户多维贫困指数

如前所述，目前国内多数研究对贫困的界定以贫困农户陷入多维贫困的维度数为标准，如当农户陷入的贫困维度数 $k > 3$ 时，将农户定义为贫困，但联合国在多维贫困测度中指出，应以农户的贫困剥夺得分 $r > 0.3$ 来定义多维贫困。本书使用两种不同的方法对全国及不同连片贫困地区的多维贫困指数进行了测算。

如表 5-3 所示，从全国样本看，当取 $k = 3$ 为临界值时，全国样本农户的贫困发生率为 70%，也就是说全国样本中，有 70% 的农户家庭至少在 3 个维度中陷入贫困，连片贫困地区的贫困面仍比较广。从贫困剥夺得分来看，当取 $k = 7$ 时，贫困剥夺得分 0.633，贫困程度很深，但得益于近年全国精准扶贫政策的大力实施，全国样本中的最为贫困的农户陷入的贫困维度最高为 7 个维度，同时，$k = 7$ 时的贫困发生率已较小，为 2.4%。

从不同连片贫困地区样本看，取 $k=3$ 时，贫困发生率最高的为大别山区，其次为燕山—太行山区、乌蒙山区和滇黔桂石漠化区，贫困发生率均在70%以上，其中大别山区样本农户陷入 3 个维度以上贫困的农户达到了92.5%，说明大别山区贫困面仍较广，但大别山区样本量较少，代表性稍差。虽然大别山区贫困面较广，但其贫困程度不是很深，当 $k=7$ 时，农户多维贫困发生率为 0。乌蒙山区和滇黔桂石漠化区贫困程度最深，当 $k=7$ 时，其贫困发生率为 5.4% 和 4.1%，贫困剥夺得分分别为 0.581 和 0.655。

表 5-3　全国及不同连片贫困地区 $H_{(K)}$、$A_{(K)}$、$M_{(K)}$ 多维贫困指数（$k=3\sim7$）

	全国			秦巴山区			六盘山区		
	$H_{(K)}$	$A_{(K)}$	$M_{(K)}$	$H_{(K)}$	$A_{(K)}$	$M_{(K)}$	$H_{(K)}$	$A_{(K)}$	$M_{(K)}$
$k=3$	0.700	0.367	0.257	0.663	0.330	0.219	0.560	0.377	0.211
$k=4$	0.426	0.427	0.182	0.363	0.422	0.153	0.246	0.458	0.113
$k=5$	0.195	0.497	0.097	0.113	0.500	0.056	0.075	0.550	0.041
$k=6$	0.071	0.581	0.041	0.063	0.533	0.033	0.012	0.677	0.008
$k=7$	0.024	0.633	0.015	0.013	0.583	0.007	0.003	0.667	0.002
	滇黔桂石漠化区			乌蒙山区			大别山区		
	$H_{(K)}$	$A_{(K)}$	$M_{(K)}$	$H_{(K)}$	$A_{(K)}$	$M_{(K)}$	$H_{(K)}$	$A_{(K)}$	$M_{(K)}$
$k=3$	0.722	0.385	0.278	0.841	0.389	0.327	0.925	0.324	0.300
$k=4$	0.500	0.440	0.220	0.552	0.441	0.244	0.600	0.384	0.230
$k=5$	0.269	0.511	0.137	0.322	0.494	0.159	0.225	0.463	0.104
$k=6$	0.131	0.582	0.076	0.118	0.573	0.067	0.025	0.542	0.014
$k=7$	0.041	0.655	0.027	0.054	0.581	0.031	0.000	0.000	0.000
	武陵山区			燕山—太行山区			吕梁山区		
	$H_{(K)}$	$A_{(K)}$	$M_{(K)}$	$H_{(K)}$	$A_{(K)}$	$M_{(K)}$	$H_{(K)}$	$A_{(K)}$	$M_{(K)}$
$k=3$	0.519	0.325	0.168	0.833	0.332	0.276	0.600	0.352	0.211
$k=4$	0.257	0.384	0.099	0.559	0.374	0.209	0.280	0.415	0.116
$k=5$	0.051	0.465	0.024	0.191	0.426	0.081	0.120	0.462	0.055
$k=6$	0.017	0.531	0.009	0.015	0.542	0.008	0.040	0.573	0.023
$k=7$	0.004	0.583	0.002	0.000	0.000	0.000	0.010	0.667	0.007

联合国在多维贫困测度中指出，应以农户的贫困剥夺得分 $r>0.3$ 来定义多维贫困，主要原因在于贫困的细分维度较多时，以陷入贫困维度数 $k>3$

界定时，会扩大农户陷入贫困的范围，同时，由于不同维度的权重不一，仅以农户陷入贫困的维度数来定义贫困不够准确，使用贫困剥夺得分 r 既包含了农户陷入的贫困维度数，又包括了不同维度的权重信息，相较使用陷入贫困的维度数界定多维贫困的方法更为合理。借鉴相关研究的做法（Alkire and Seth，2015；郭熙保、周强，2016；张全红、周强，2015），当农户的贫困剥夺得分 $r>0.3$ 时，将农户定义为贫困农户，本书测算了 r 在 $0.3\sim$ 0.7 之间不同取值的结果（表 5-4）。

表 5-4　全国及不同连片贫困地区 $H_{(K)}$、$A_{(K)}$、$M_{(K)}$ 多维贫困指数（$k=0.3\sim0.7$）

	全国			秦巴山区			六盘山区		
	$H_{(K)}$	$A_{(K)}$	$M_{(K)}$	$H_{(K)}$	$A_{(K)}$	$M_{(K)}$	$H_{(K)}$	$A_{(K)}$	$M_{(K)}$
$r=0.3$	0.586	0.447	0.262	0.488	0.421	0.205	0.515	0.432	0.222
$r=0.4$	0.334	0.506	0.169	0.213	0.498	0.106	0.278	0.495	0.138
$r=0.5$	0.119	0.587	0.070	0.075	0.556	0.042	0.093	0.581	0.054
$r=0.6$	0.027	0.671	0.018	0.013	0.633	0.008	0.018	0.694	0.012
$r=0.7$	0.005	0.748	0.004	0	0	0	0.006	0.783	0.005

	滇黔桂石漠化区			乌蒙山区			大别山区		
	$H_{(K)}$	$A_{(K)}$	$M_{(K)}$	$H_{(K)}$	$A_{(K)}$	$M_{(K)}$	$H_{(K)}$	$A_{(K)}$	$M_{(K)}$
$r=0.3$	0.619	0.469	0.290	0.698	0.455	0.318	0.625	0.473	0.296
$r=0.4$	0.396	0.524	0.207	0.407	0.517	0.210	0.400	0.521	0.208
$r=0.5$	0.177	0.597	0.106	0.161	0.592	0.095	0.150	0.589	0.088
$r=0.6$	0.052	0.671	0.035	0.036	0.671	0.024	0.025	0.633	0.016
$r=0.7$	0.009	0.740	0.007	0.005	0.733	0.004	0	0	0

	武陵山区			燕山—太行山区			吕梁山区		
	$H_{(K)}$	$A_{(K)}$	$M_{(K)}$	$H_{(K)}$	$A_{(K)}$	$M_{(K)}$	$H_{(K)}$	$A_{(K)}$	$M_{(K)}$
$r=0.3$	0.447	0.415	0.186	0.652	0.437	0.285	0.470	0.415	0.195
$r=0.4$	0.198	0.472	0.094	0.363	0.482	0.175	0.240	0.458	0.110
$r=0.5$	0.038	0.559	0.021	0.069	0.555	0.038	0.050	0.567	0.028
$r=0.6$	0	0	0	0.005	0.633	0.003	0.010	0.633	0.006
$r=0.7$	0	0	0	0	0	0	0	0	0

从表 5-4 可以看出，当 $r=0.3$ 时，全部样本多维贫困发生率为 58.6%，当 $r=0.7$ 时，多维贫困发生率降为 0.5%，其中秦巴山区、大别

山区、武陵山区、燕山—太行山区和吕梁山区在 $r=0.7$ 时的深度贫困发生率为 0，说明近年来我国的精准扶贫措施对连片贫困地区贫困率降低具有重要作用，但在 $r=0.3\sim0.5$ 时的多维贫困发生率仍较高。对于平均剥夺程度 A_K，当 $r=0.7$ 时，陷入贫困的农户平均剥夺程度达 0.748，贫困深度较深。由于 $r=0.7$ 时的贫困发生率很低，使多维贫困指数 M_K 很小（0.004）。从整体看，虽然深度贫困群体的发生率较低，但其平均剥夺程度很大，贫困程度很深。

与使用以贫困维度数为临界的方法相比较，使用贫困剥夺得分为临界时的贫困发生率、多维贫困指数整体较小，说明使用陷入贫困的维度数为临界时，会扩大贫困的发生率。另外一个原因是，连片贫困地区农户在生活水平的维度中陷入贫困的可能性仍较大，导致农户陷入贫困的维度数较高，但由于生活水平维度的细分维度共包括了 6 个维度，其细分维度的权重相应较小，会使农户虽然陷入贫困的维度数较高，但贫困剥夺得分及多维贫困指数较小。

（三）连片贫困地区农户多维贫困的分解

表 5-5 和表 5-6 显示了根据不同维度的全国及各连片贫困片区的多维贫困分解，从全部样本的多维贫困分解可以看出，不同维度中，生活水平维度是贫困贡献度最高的维度，达 64.43%，尤其是卫生设施维度的贡献率最高，达 23.97%，充分说明连片贫困地区农户在卫生和人居环境方面的条件之恶劣，耐用品维度贡献了 14.88%，说明农户日常生活的必需品严重缺乏。其次为收入维度，贡献率达 20.83%，说明收入低下仍是连片贫困地区农户减贫过程中的重要羁绊。健康和教育维度的贡献率相对较小，分别为 7.85% 和 6.90%，说明近年来义务教育的普及和落实以及农村社会保障体系的完善已取得了较大成果。

从不同连片贫困地区来看，教育维度贡献率最大的是滇黔桂石漠化区，为 10.76%，这与实际调研情况相符，由于滇黔桂石漠化区深度贫困农户多为少数民族，子女普遍较多，支持子女教育的意愿总体较弱，加之困窘的经济条件及家庭劳动力不足，辍学现象较多，导致该地区在教育方面的贫困程度较深。健康维度贡献率最大的为六盘山区，达 22.36%，主要原因在于当地的医疗保险正在推动覆盖中，参保的农户比例仍不高。生活水平维度贡献率最高的为燕山—太行山区，达 73.42%，其中耐用品维度贡献了 17.87%。收入维度贡献率在全国和不同连片贫困地区的贡献率相差不大，均在 20% 左右，最高的为武陵山区，达 23.78%。

从总体来看，连片贫困地区农户的生活水平仍较差，虽然在饮用水、照明方面已经得到长足改善，但其人居环境仍较差，尤其是卫生设施、生活燃料方面，与现代化的生活方式仍有较大差距，而且由于收入低下，积累的资产与耐用品的不足也是导致其陷入多维贫困的重要方面。

表 5-5　全国连片贫困地区及分片区多维贫困分解（%）

	全部样本		秦巴山区		六盘山区		滇黔桂石漠化区	
	$H_{(K)}$	β_j	$H_{(K)}$	β_j	$H_{(K)}$	β_j	$H_{(K)}$	β_j
教育		6.900		4.121		2.805		10.760
受教育年限	7.804	3.067	5.000	2.347	2.096	1.194	13.993	5.133
适龄儿童就读	9.365	3.831	5.000	1.774	2.994	1.611	14.925	5.627
健康		7.846		10.016		22.361		4.686
健康状况	11.915	4.613	23.750	10.016	15.868	7.653	8.396	3.009
医疗保险	9.053	3.233	0.000	0.000	33.533	14.708	4.664	1.677
生活水平		64.427		65.101		51.443		65.324
做饭燃料	29.709	8.767	47.500	14.554	10.479	3.458	30.970	9.135
卫生设施	92.612	23.966	95.000	25.665	97.006	29.403	89.739	21.785
饮用水	31.113	9.796	7.500	2.556	13.473	5.194	51.866	14.498
照明	3.070	1.003	8.750	2.973	0.000	0.000	2.799	0.769
住房	20.499	6.016	50.000	13.302	8.383	2.194	20.149	5.311
耐用品	53.486	14.879	21.250	6.051	32.934	11.194	54.478	13.826
收入		20.829		20.762		23.389		19.23
人均收入	60.146	20.829	51.250	20.762	51.796	23.389	61.194	19.229

表 5-6　全国连片贫困地区及分片区多维贫困分解续（%）

	乌蒙山区		大别山区		武陵山区		燕山—太行山区		吕梁山区	
	$H_{(K)}$	β_j	$H_{(K)}$	β_j	$H_{(K)}$	β_j	$H_{(K)}$	β_j	$H_{(K)}$	β_j
教育		8.723		3.397		3.813		0.962		3.465
受教育年限	13.043	3.707	5.000	1.657	4.219	1.773	0.000	0.000	1.000	0.563
适龄儿童就读	15.601	5.016	7.500	1.740	3.797	2.040	3.431	0.962	6.000	2.902

（续）

	乌蒙山区		大别山区		武陵山区		燕山—太行山区		吕梁山区	
	$H_{(K)}$	β_j	$H_{(K)}$	β_j	$H_{(K)}$	β_j	$H_{(K)}$	β_j	$H_{(K)}$	β_j
健康		6.076		6.462		3.814		3.986		13.166
健康状况	14.322	4.746	17.500	6.462	5.485	2.818	9.804	3.357	16.000	7.276
医疗保险	3.836	1.330	0.000	0.000	1.688	0.996	1.471	0.629	15.000	5.890
生活水平		65.159		70.754		68.594		73.422		59.983
做饭燃料	20.972	5.965	95.000	24.027	22.363	9.181	60.784	15.370	35.000	10.178
卫生设施	95.141	21.789	90.000	21.292	81.857	27.253	97.059	24.952	99.000	28.757
饮用水	35.294	9.318	52.500	13.007	9.705	4.494	36.275	9.652	13.000	5.803
照明	7.673	2.148	0.000	0.000	1.688	0.389	0.490	0.140	2.000	0.866
住房	36.573	9.360	2.500	0.829	10.970	4.299	17.157	5.438	13.000	3.508
耐用品	69.821	16.579	42.500	11.599	64.979	22.978	63.725	17.870	35.000	10.871
收入		20.043		19.387		23.779		21.630		23.387
人均收入	72.634	20.043	60.000	19.387	47.679	23.779	65.686	21.630	59.000	23.387

四、本章小结

本章在总结多维贫困测度方法发展进程的基础上，借鉴当前使用较为广泛的 AF 多维贫困测度方法，构建了多维贫困测度体系，对我国连片贫困地区农户的多维贫困程度进行了测度，并依据不同的维度进行分解，以全面了解不同维度对农户贫困程度的贡献率，同时，本章所得的多维贫困测算结果也是后续章节计量分析的数据基础。本章的研究结论主要有以下几个方面。

一是从不同维度的贫困发生率来看，卫生设施、收入和耐用品维度排前三位，贫困发生率分别为 92.61％、60.15％和 53.49％，农户的收入微薄、人居环境和卫生设施的落后及日用家电和交通工具的缺乏成为其多维贫困的重要原因。

二是分别以农户陷入贫困的维度数和农户贫困剥夺得分为临界，测算了农户陷入贫困的维度数 $k=3\sim7$ 和农户贫困剥夺得分 $r=0.3\sim0.7$ 临界值下全部样本和各连片贫困地区农户的贫困发生率、贫困剥夺得分及多维贫困指数，以 $k=3$ 为临界值时，全部样本的多维贫困发生率为 70％，贫困面较广，以 $k=7$ 为临界时，最贫困的农户贫困剥夺得分为 0.633，贫困程度很深。以农户剥夺得分 $r=0.3$ 为多维贫困临界时，全部样本的多维贫困发生率为 58.6%，$r=0.7$ 时，平均剥夺得分为 0.748。

三是以不同的维度对农户的多维贫困进行了分解，发现一级维度中，生活水平维度对多维贫困的贡献率最高，达 64.43%，其次为收入维度，为 20.83%，教育和健康维度对多维贫困的贡献率已较小。细分维度中，贡献度最高的三个维度依次为卫生设施、收入和耐用品维度，分别为 23.97%、20.83% 和 14.88%，说明贫困地区恶劣的人居环境、微薄的收入和日常家电及交通工具的缺乏成为其多维贫困的主要特征。

第三篇　风险篇

第六章　风险冲击对连片贫困地区农户多维贫困的影响——基于生计资本中介变量的分析

可持续生计分析框架是目前分析发展和贫困问题的基础，风险冲击通过影响农户的生计资本进而导致农户陷入多维贫困。本章首先分析连片贫困地区农户面临的风险，以可持续生计框架为基础，测算贫困地区农户的生计资本，构建基于形成型指标的结构方程模型，分析农户面临的风险冲击通过生计资本对其多维贫困状态的影响机理，以期丰富可持续生计及贫困相关理论，并为新阶段我国连片贫困地区减贫战略提供一定的借鉴。

一、风险冲击通过生计资本对农户多维贫困影响的机理分析

不同机构和学者提出了各异的可持续生计理论框架，其中应用最为广泛的为英国国际发展署提出的可持续生计分析框架（DFID，1999），将农户的可持续生计分为五种资本，在贫困问题的分析中具有非常重要的作用（Norton and Foster，2001）。而后不同学者在 DFID 五种生计资本的基础上，不断细分和扩展，发展出了各种可持续生计分析框架（Solesbury，2003；Carney，2003；Donohue and Biggs，2015；Bilali et al.，2018；Wang et al.，2016），并通过生计资本的测量，提出不同生计多样化的措施，以提升农户的可持续发展能力（Ellis，1998；Zhifei et al.，2018）。

风险冲击是导致贫困的重要因素（Morduch，1994），个人或家庭所处的环境中始终存在着各种生计风险，包括可预见的大项开支、不可预见的自

然灾害、大病医疗等，均会使个人或家庭福利水平降低，使贫困人口陷入永久贫困（赵雪雁等，2015），更有学者指出贫困农户无法脱贫的根本原因在于风险冲击。尤其是连片贫困地区农户所处生态环境脆弱，基础设施极差，更容易遭遇不同风险的打击，再加之贫困农户缺乏有效的风险应对策略，更容易陷入贫困，甚至长期处于贫困状态（杨文等，2012；谭灵芝、王国友，2012）。

农户面临的风险冲击对生计资本有重要影响作用，进而增加了农户陷入贫困的可能性（Makoka，2008；Dercon and Krishnan，2000；Azeem et al.，2018；Sohns and Revilla，2017）。农户遭遇风险冲击是造成其生计资本存量极小的重要原因，农户遭遇如大病医疗、家庭成员去世的健康风险、失去主要劳动力等风险，会使农户劳动力减少，而且在遭遇不同风险后的应对策略中，会选择减少子女学费开支甚至要求子女辍学来补充劳动力，降低了农户家庭的受教育程度，导致农户家庭的人力资本减弱。遭遇风险冲击后需要大笔开支来应对，尤其是现金的收入会迅速减少，因此风险冲击对农户的金融资本有重要影响，当农户的现金不足以应对风险损失时，会变卖牲畜、变卖财产，导致家庭的物质资产减少。农户遭遇风险冲击会使其可持续生计资本受损，进而增加使其陷入贫困的可能性。

目前对农户风险冲击、生计资本、贫困之间关系的研究，多从风险冲击对生计资本的影响和风险冲击对贫困程度的影响两个单链条进行分别研究，鲜有将三者放置到一个框架中研究风险冲击→生计资本→多维贫困的传导机制。根据上述分析，农户遭遇风险冲击会使其生计资本脆弱，进而导致其陷入多维贫困，这就是风险冲击通过生计资本影响农户多维贫困的机理。

二、连片贫困地区农户面临的风险冲击

(一) 农户面临的风险冲击分类

Cook（2001）和徐锋（2000）按农户面临的经济困难对农户而言是否可能预见及可能预见的程度，将农户家庭经济风险分为以下几类：第一是确定性消费投资带来的家庭经济困难，这类事件往往一次性投入数额较

大，因而给家庭资源较少尤其是现金收入较少的农户造成了较大的经济困难，但这类事件一般是可事先估算的，例如修建新房与婚嫁。第二类是意外事件带来的家庭经济困难，这类事件投入数额大且难以事先控制支出额，属于难以预先控制的不确定性问题，如大病医疗。第三类是经营风险损失带来的家庭经济困难，这类事件属于具有一定可预知性的风险性问题，但预测事件发生时所需要的信息不完整，如经营亏损等（陈传波、丁士军，2003）。

本书沿用上述研究对农户面临风险冲击的分类，将农户面临的风险冲击分为三大类，第一类为确定性消费投资带来的家庭经济困难，第二类为意外事件带来的家庭经济困难，第三类为经营风险损失带来的家庭经济困难。

1. 确定性消费投资带来的家庭经济困难

农户面临着一系列可预见的确定性消费投资，且开支巨大，这些可预见的风险往往使农户陷入贫困。一是建造新房，农户往往需要穷尽毕生积蓄，再加上各方借贷，才能够修建起一套新房，在移民搬迁政策实施地区更是如此，移民搬迁需要新购或新建住房，虽有政府补贴，但对农户来讲仍是重大负担。二是婚嫁与生育，连片贫困地区意味着偏远和落后，成年男性娶妻需要大量彩礼，而且，一般情况下修建新房和婚嫁、生育时间基本重叠，使农户负债累累，长期囿于贫困中。三是借款交学费。连片贫困地区农户意识到知识对改变贫困的重要性，大部分家庭都极力支持子女就学，但外出就学的学费、交通住宿等费用，使农户不得不靠借贷支付学费，进而导致教育致贫的现象。

2. 意外事件带来的家庭经济困难

连片贫困地区由于其脆弱的生态环境，自然灾害成为农户面临的最常见的风险之一，而且自然灾害破坏性大，持续性强，对农户的生计造成重大影响。常见的自然灾害主要包括对农业损害的干旱、涝灾、风暴、虫灾等，也包括一些不可抗力如地震、泥石流等对农户人身及财产造成损失的灾害。近年来国际上尤其对气候变化导致的自然灾害对农户适应性的研究逐渐增多。

由于连片贫困地区农户距离城镇较远，农户的医疗设施可及性差，加之常年劳作，大部分农户身体状况较差，同时农户由于资金缺乏，往往对小病不重视，导致农户家庭常遭遇大病医疗、家庭成员去世等意外事件带来的家庭经济困难。

3. 经营风险损失带来的家庭经济困难

农户面临的经济风险首先是农产品市场变化和价格变动，由于农户缺乏及时有效的信息，在农业经营时存在一定的羊群效应，常导致一定区域内某种农产品生产过剩或稀缺，而使农产品价格出现暴涨暴跌，加之农户出售农产品的弱势地位，商人囤积居奇，使农户经常面临由于农产品价格暴跌导致的风险。其次是经商亏损，农户在寻求其他生计过程中，会从事诸如农产品倒卖、开办小商店等经商活动，由于农户周转资金的缺乏及人力资本的脆弱，面临着更大的经商亏损风险。

失去主要劳动力会导致农户家庭无法继续经营农业或失去外出务工收入，失去耕地会使农户不得不寻找替代生计，而农户放弃往常从事的农业活动，加之缺乏从事其他行业的经验和技术，往往使农户无法在短期内找到替代生计。尤其是连片贫困地区，诸如退耕还林、移民搬迁等政策的实施往往无法实现生态和经济效益的均衡，虽然从长期来看，对农户及环境均有益，但短期内农户仍面临由于无法寻找到替代生计而加剧贫困的风险。

（二）农户遭遇的不同风险冲击及损失

如表 6-1 所示，从农户面临的风险来看，最多的为健康风险和大项开支风险，遭遇大病医疗的农户共 414 户，占总样本的 21.54%，平均花费金额为 3.01 万元，可见连片贫困地区疾病仍是导致农户贫困的重要因素。其次为建造新房，共 359 户，占总样本的 18.68%，且平均花费超过 10 万元，建造新房成为农户的重大经济负担，一旦因移民搬迁、子女结婚或房屋年老失修需要新建房屋，农户将很快陷入贫困。第三为婚嫁与生育，占总样本的 7.54%，平均花费在近 6 万元，而且，居住越偏远，贫困程度越深的地区，成年男性娶妻的成本越高，花费一般在 10 万元以上甚至更高，而且结婚往往需要新建房屋，婚后面临子女生育，几项重大开支重叠交织，使贫困农户因男性结婚而陷入贫困。

借款交学费的农户比例占样本的 5.72%，平均花费为 4.6 万元，虽然目前国家对偏远地区实施各种措施进行教育扶贫，但贫困农户为使子女获得更好的教育资源，阻断贫困的代际传递，会想尽一切办法使子女到城镇、县城甚至市级城市就学，且面临着高额的学费、住宿费及交通费，甚至需要家长陪读，导致子女教育使家庭贫困。到大学阶段，按我国目前大学普遍的收费标准，一个大学生每年的学费、住宿及生活费合计在 2 万元左右，如果一个家庭有 2 个大学生，则有很大可能陷入贫困。

遭遇自然灾害的农户占样本总量的 5.62%，平均花费、损失金额为 1.71 万元，表示遭遇农产品价格变动的农户为 33 户，占样本总量的 1.72%（表 6-1），在实际调研过程中，发现自然风险、农产品价格变动的普及面较广，而农户在面临这些风险时相比其他的风险感知较弱，实际上遭遇自然灾害及农产品价格变动风险的农户远比实际调查农户遭遇的更多，而且损失也更大。

表 6-1　样本农户遭遇的不同风险发生户数及比例

单位：户数、%、万元

风险类型	确定性消费投资带来的家庭经济困难			意外事件带来的家庭经济困难			经营风险损失带来的家庭经济困难其他风险			
	建造新房	婚嫁与生育	借款交学费	自然灾害	大病医疗	家庭成员去世	农产品价格变动	经商亏损	失去主要劳动力	失去耕地
发生户数	359	145	110	108	414	65	33	12	20	7
所占比例	18.68	7.54	5.72	5.62	21.54	3.38	1.72	0.62	1.04	0.36
花费金额	10.4	5.912	4.6	1.71	3.01	2.77	1.21	8.32	4.35	0.807

从遭遇风险冲击的次数来看，近 3 年未遭遇过风险冲击的农户不足 50%，说明样本中一半以上的农户在近 3 年遭遇了不同的风险冲击，遭遇 1 次、2 次和 3 次以上风险冲击的农户所占比例分别为 41.52%、9.21% 和 1.51%，平均花费分别为 5.4 万元、9.61 万元及 14.65 万元，尤其是经历 3 次以上风险冲击的农户，花费近 15 万元，对于本就贫困的农户家庭无疑是雪上加霜（图 6-1）。

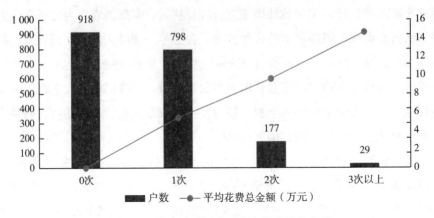

图 6-1　农户遭遇风险冲击次数及平均花费

三、连片贫困地区农户生计资本测度

基于生计思想的英国国际发展署的可持续生计框架，将生计资本分为人力资本、自然资本、金融资本、社会资本和物质资本五种，该框架能够较好地理解贫困农户生存状态的复杂性，被广泛地应用于贫困相关问题的研究中。对农户生计资本的量化测度，是应用可持续生计框架分析农户减贫措施的重要起点（宁泽逵，2017）。学者们设计了农户生计资本的评价指标体系，借鉴国内外相关研究，结合对我国连片贫困地区调研的实际情况，本章设计了适合我国连片贫困地区农户可持续生计资本测度的评价指标体系。

（一）农户生计资本测度指标体系

1. 人力资本指标及测量

在农户生计资本中，人力资本是其进行生产及经营的基础，而且农户的受教育程度是决定其家庭未来发展能力的重要因素，不同学者的研究也证明人力资本的缺乏尤其是农户家庭文化水平的低下是导致其贫困的重要原因。人力资本指标由家庭整体劳动力和家庭成员受教育程度来表示，由于在农村的劳动力中，一般情况下 12～18 岁的学生会帮助家庭进行农业生产，而60～75 岁以上的成员仍需要进行适度劳动，故根据劳动能力及劳动时间，将上述年龄段的家庭成员按正常劳动力的 0.2 倍和 0.5 倍计算。

2. 自然资本指标及测量

农户最大的自然资本即耕地，不少地区农户居住深山，会有部分农户拥有林地和退耕还林面积，但由于近年来国家保护生态政策的实施，林地对农户的收入影响并不大，且即使农户参与退耕还林，国家第一批大面积退耕还林始于1998年，为期18年的补偿期已过，故本书未将林地面积纳入农户的自然资本中。虽然不同连片贫困地区农户拥有较大的耕地面积，但其质量极差，产出极低，如在调研区域甘肃省的景泰县，小麦的产量仅为50千克/亩，使其无法通过农业生产增加收入。由此，本书使用农户的耕地面积及耕地质量来衡量自然资本。

3. 物质资本指标及测量

物质资本指农户用于生产和生活的设施和物资设备，即农户所拥有的物质财产。通常情况下，住房是农户所拥有的最大物质资本，但不同农户的住房从面积、材质及建造时间各方面差异很大，使其价值产生较大差距。本书按面积×类型×年限的标准计算得到住房资产，不同住房类型及年限的赋值见表6-2。其次为生活资料，按农户实际所拥有的电视、冰箱、洗衣机等家电以及衣柜、床等家具的个数来计算。生产资料按农户所有的如拖拉机等农用机具的数量来表示。最后一项为牲畜数量，按不同牲畜的饲养成本及劳力成本，将牛按1个单位，羊和猪、鸡和鸭等分别按0.6和0.2个单位的比例计算，其他未列入的牲畜根据其养殖成本按比例折算。

4. 金融资本指标及测量

现金收入是农户家庭最重要的金融资本，包括农户通过农业、务工、赠予及各种补贴得到的收入。从农户的可持续发展角度，借贷难度是衡量其金融资产的另一个指标，农户在扩大经营、遭遇困难时由于自身能力有限，无法提供满足发展和应对风险的支出，必须通过从诸如银行、信用社等正规渠道及亲戚好友等非正规渠道进行借贷获得资金，故将借贷难易程度作为农户金融资本大小的衡量指标之一，使用1~5级量表表示，1为非常难，5为非常容易。

5. 社会资本指标及测量

社会资本指农户能够利用的社会网络，一般情况下农户能够通过与邻居的交流获得如就业、外出务工的信息，在城市居住的亲戚数量及比较有钱的亲戚数量越多，越能够使农户拥有更多的信息、就业及受到帮助的机会，同时也能够在一定程度上提升其在同村的社会地位，由此，农户的社会资本分别用邻居数量、在城市中居住的亲戚和比较有钱的亲戚数量来测度。

根据上述分析，构建连片贫困地区农户生计资本的主体指标体系，如表6-2所示。

表6-2 连片贫困地区农户生计资本评价指标体系

指标体系		符号	计算公式
人力资本	家庭整体劳动力	H_1	H1＝H12×0.2＋H13×1.0＋H14×0.5
	家庭成员受教育程度	H_2	H2＝H21×1＋H22×0.75＋H23×0.50＋H24×0.25＋H25×0.00
自然资本	耕地面积	N_1	N1＝实际耕地面积
	耕地质量	N_2	N2＝农户家庭平地面积/耕地总面积
物质资本	住房	P_1	P1＝住房面积×住房类型×住房年限 住房类型：砖混楼房＝1；砖混平房＝0.75；砖木平房＝0.5；土坯平房＝0.25 住房年限：10年以下＝1；10～20年＝0.75；20～30年＝0.5；30～40年＝0.25；40年以上＝0.1
	牲畜	P_2	P2＝牛、马、驴等×1＋羊、猪×0.6＋鸡、鸭×0.2
	生活资料	P_3	P3＝电视机等家电、家具数量，电视机、冰箱、洗衣机、手机、电脑，3 000元以上的家具的数量
	生产资料	P_4	P4＝拖拉机等农机的数量
金融资本	现金收入	F_1	F1＝家庭实际年收入
	信贷	F_2	F2获得信贷的难易程度：非常容易＝1；比较容易＝0.75；一般＝0.5；比较难＝0.25；非常难＝0
社会资本	邻居数量	S_1	S1＝距离农户较近的邻居数量
	城市中亲戚数量	S_2	S2＝农户在城市中居住的亲戚数量
	比较有钱的亲戚数量	S_3	S3＝农户比较有钱的亲戚数量

注：H11，10岁以下的孩子；H12，11～18岁间的学生；H13，19～60岁的劳动力；H14，61岁以上的老年人；H21，大学及以上；H22，高中或中专；H23，初中；H24，小学以下，H25，文盲。

(二) 农户生计资本测度结果

对农户生计资本的测度，除构建其指标之外，还有一个重要的问题便是不同指标的权重设置，权重的不同，将直接影响到不同指标的综合得分。关于权重的设定，不同的学者开发了不同的算法，如熵值法（宁泽逵，2017）、层次分析法（苏芳、尚海洋，2012）、专家咨询法等（郝文渊等，2014），通过比较发现，熵值法更适合生计资本不同权重的确定。

熵值法是根据样本的实际数据内部差异驱动的结果来反映指标信息熵值的效用价值，指标数据离散程度越高，熵值越小，提供的信息量越大，在综合评价中所起的作用就越大，权重值越高。相比主观赋值确定权重的方法，熵值法可以避免主观赋权的人为因素干扰，同时可以解决多指标间信息重叠的问题，而且操作过程透明，可再现性强（宁泽逵，2017）。

根据熵值法的技术，计算得到不同指标的权重，根据评价指标体系中不同指标值的计算方法，计算出不同指标的指标值，进而通过加权，得到不同生计资本的值。指标权重及生计资本值的结果见表6-3及图6-2。

表6-3 连片贫困地区农户生计资产测度结果

资产类型	测量指标	符号	权重	指标值	资产值
人力资本	家庭整体劳动力	H_1	0.029	0.418	0.009 4
	家庭成员受教育程度	H_2	0.018	0.303	
自然资本	耕地面积	N_1	0.049	0.089	0.028 7
	耕地质量	N_2	0.093	0.263	
物质资本	住房	P_1	0.049	0.222	0.033 0
	牲畜	P_2	0.181	0.041	
	生活资料	P_3	0.013	0.494	
	生产资料	P_4	0.143	0.050	
金融资本	现金收入	F_1	0.037	0.041	0.005 4
	信贷	F_2	0.006	0.700	
社会资本	邻居数量	S_1	0.029	0.264	0.013 8
	城市中亲戚数量	S_2	0.180	0.020	
	比较有钱的亲戚数量	S_3	0.195	0.014	
资本总和			0.090 4		

通过计算结果可以看出，不同指标的权重系数中，物质资本中的牲畜和生产资料占的比重较大，分别为0.181和0.143，说明了连片贫困地区农户饲养牲畜和农业生产仍是其维持生活的主要途径。其次，社会资本中城市中

的亲戚数量和比较有钱的亲戚数量的权重较高，分别为 0.180 和 0.195，说明农户的社会关系对其发展的重要性，当然这也与熵值法本身有关，数据赋值越离散的指标，熵权越大，整体来看，熵值法计算的权重系数与调查结果基本一致。

从农户最终的不同生计资本可以看出，连片贫困地区农户不同的生计资产均处于非常低的水平，资本总和仅为 0.090 4，不足 0.1，说明连片贫困地区农户的后续发展能力十分薄弱。生计资本中最大的为物质资本，也仅为 0.033，一方面说明连片贫困地区农户仍旧延续自给自足的生活状态，依靠本就缺乏的自然资本，进行农业生产维持生计，而饲养牲畜成为大部分农户补贴家用及增加营养的重要途径。同时，为提升农业生产效率，不得不花费收入购置大量农业机械，使得农户的生计资本中物质资本的值最大。

其次为自然资本，连片贫困地区环境脆弱，耕地面积少、质量差，导致农户的自然资本缺乏，自然资本值为 0.028 7，但在农户其他生计资本中排第二，说明农户的其他资本值极低。虽然社会资本中城市中亲戚数量和比较有钱的亲戚数量权重较高，而整体的社会资本值仅有 0.013 8，说明农户社会关系的缺乏。最后为人力资本和金融资本，分别为 0.009 4 和 0.005 4，农户家庭劳动力素质的低下及微薄的收入、信贷困难，使连片贫困地区农户的人力资本和金融资本极小。总体来看，连片贫困地区农户各项生计资本值均处于一个非常低的水平，后续发展能力极弱。

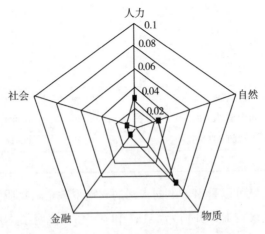

图 6-2　连片贫困地区农户生计资产蛛网图

四、风险冲击对连片贫困地区农户多维贫困影响的模型构建

（一）计量模型构建

本书通过构建结构方程模型分析风险冲击通过生计资本中介变量对农户多维贫困的影响。结构方程模型能够基于变量的协方差矩阵分析变量之间的关系，成为经济学和管理学中重要的分析方法。在研究变量之间的关系时，一些变量很难被直接、准确地测量，这种变量被称为潜变量。例如，本书研究的风险、不同的生计资本，都无法直接用一个变量准确地量化，而是需要通过一些外显变量或可直接观测的变量来间接测量。结构方程模型包含测量模型（外部模型）和结构模型（内部模型），能够同时观测潜变量和测量变量与被解释变量的关系。

结构方程模型通常有反映型指标模型与形成型指标模型两种类型，而很多学者往往在使用时没有严格区分，导致模型设定错误和参数估计偏差。一些学者总结了区分形成型指标模型和反映型指标模型的 5 项判断标准（Diamantopoulos et al.，2008；Jarvis et al.，2003）：①测量变量反映了潜变量的特征。②测量变量的变化会导致潜变量的变化。③潜变量的变化不会导致测量变量的变化。④其中一个测量变量的变动不会导致其他测量变量的变化。⑤消除一个测量变量可能会改变潜变量的概念。如果符合以上 5 项标准，则适宜采用形成型指标模型。例如，教育程度、收入、职业声望 3 个测量变量可以用来测度社会地位潜变量，因为社会地位受教育程度、收入和职业声望影响，辞去工作会对社会地位产生影响，但社会地位下降并不一定会引起工作机会的丧失；并且，删除某一个测量变量可能会忽略潜变量内涵的一个独特的方面（孙继红、杨晓江，2009）[①]。对于这种情况，适宜采用形成型指标模型。参考以上标准和例子，本书的测量变量与潜变量适用于形成型指标模型。

首先构建结构模型（内部模型），用来描述潜变量之间的因果关系，其

[①]　反映型指标结构方程模型与形成型指标结构方程模型的区别详见孙继红、杨晓江（2009）。

方程表达式为：

$$\eta=\alpha+\Gamma\xi+\zeta \qquad (6-1)$$

式（6-1）中，η 为内生潜变量向量，在本章的研究中即生计资本和农户多维贫困；ξ 为外生潜变量向量，在本章中表示农户遭遇的风险冲击；α 为常数项；Γ 为路径系数。ζ 为残差。

其次，构建测量模型（外部模型），用来描述潜变量与观测变量之间的关系，方程表达式为：

$$\eta=\Pi_y y+\delta_y \qquad (6-2)$$

$$\xi=\Pi_x x+\delta_y \qquad (6-3)$$

式（6-2）和式（6-3）中，x 是外生潜变量向量 ξ 的测量变量，下文将会讲到。本书用遭遇风险的次数和遭遇风险后的损失金额两个变量作为外生潜变量风险的测量变量；y 是内生潜变量向量 η 的测量变量，本书使用家庭劳动力总数和家庭成员受教育程度两个变量作为生计资本中人力资本的测量变量。Π 是多元回归系数矩阵，δ 为残差项。

目前，对结构方程模型进行估计的软件主要有 AMOS、LISREL 等，但这些软件都是基于反映型指标模型，通过基于协方差理论的方法进行计算的，而形成型指标模型需要使用偏最小二乘（partial least square，PLS）技术进行估计（Vinzi et al.，2010）。为此，本书使用 SmartPLS3.0 软件对模型进行估计。此外，使用该软件可以直接计算出各测量变量的权重，避免了主观赋权对各潜变量估算产生的偏差，而且能够根据各潜变量之间的路径系数实现因子载荷的调整与优化（刘军、富萍萍，2007）。该软件还有一个优点是不要求测量变量符合正态分布，能够允许更多的自由度（黄志刚等，2018）。

（二）指标选择与描述性统计

1. 风险冲击

农户遭遇的风险次数能够反映其脆弱性，遭遇风险冲击后需要支出的花费反映风险冲击对农户的打击程度及其财富的减少，由此，风险冲击潜变量以农户遭遇的风险次数及遭遇风险后的损失金额测量，由于风险冲击对农户生计资本和多维贫困影响的持久性，应该至少统计近5年农户面临的风险及遭遇风险导致其财富减少的金额，但考虑到农户对近5年遭遇的风险进行追溯回忆较为困难，可能会导致数据不太准确，故本书对农户面临的风险统计采用近3年遭遇的风险。

根据对农户面临风险的分类，将风险分为3大类10小类，分别为养老风险、借款交学费、自然灾害、大病医疗、家庭成员去世、农产品价格变动、经商亏损、失去主要劳动力、失去耕地、其他，对风险指标分别用农户在近3年遭遇上述10种风险的次数和遭遇风险后的损失金额来衡量。

2. 生计资本

借鉴英国国际发展署的可持续生计分析框架，生计资本分为人力资本、自然资本、金融资本、物质资本和社会资本五个方面，每项资本的测量变量与上述生计资本的测算变量一致，具体见表6-3。

3. 多维贫困

利用 UNDP 开发、Alkire 等学者不断改进的多维贫困测度方法，对生计脆弱区农户的多维贫困测度进行测算，具体计算结果见第四章。本章使用农户多维贫困得分衡量农户的多维贫困程度，农户多维贫困剥夺得分越大，农户越贫困。

具体指标解释及描述性统计见表6-4。

表6-4　风险冲击、农户生计资本与多维贫困指标

变量	指标	均值	标准差
风险	遭遇风险的次数	0.649	0.719
	遭遇风险后的损失金额	3.476	6.983
人力资本	家庭的劳动力总数	2.995	1.330
	家庭成员的受教育程度	1.401	0.880
自然资本	总耕地面积	8.852	10.971
	耕地质量	0.263	0.405
物质资本	住房	51.029	59.239
	牲畜	1.111	3.428
	生活资料	4.976	2.540
	生产资料	0.132	0.334
金融资本	现金收入	3.982	4.148
	银行存款总额	2.694	3.138

（续）

变量	指标	均值	标准差
	邻里往来	55.593	48.245
社会资本	城市中的亲戚数量	1.084	3.955
	有大额资金需求时可求助的农户数	0.676	2.515
贫困剥夺得分	贫困剥夺得分	0.294	0.168

五、风险冲击对连片贫困地区农户多维贫困影响的计量结果分析

根据上述结构方程模型，应用 SmartPLS3.0 软件进行最小二乘算法估计并执行"Bootstrapping"命令①，所得结果如表 6-5、表 6-6、表 6-7 和表 6-8 所示。

（一）模型信度和效度评价

对形成型指标结构方程模型的评价与对反映型指标结构方程模型的评价方法不同。根据 Smart PLS 软件使用手册和已有文献对结构方程模型评价方法的总结，对于形成型指标结构方程模型，一般从模型信度、权重显著性（模型效度）、是否存在多重共线性和模型拟合优度这几个方面进行评价（孙继红和杨晓江，2009；Vinzi et al.，2010）。鉴于此，本书也从这几个方面对模型进行评价。

首先，对模型的信度进行评价。克伦巴赫 α 信度系数②一般被用于衡量潜变量与其测量变量的一致性，也是模型信度的重要体现。表 6-5 报告了两个模型中潜变量的克伦巴赫 α 信度系数。从表 6-5 的数据可以看出，除了自然资本和物质资本两个潜变量的克伦巴赫 α 信度系数在中等以下外，其他潜变量的克伦巴赫 α 信度系数均在中等以上，表明所选取的测量变量能够较好地代表

---

① Bootstrapping 是一种再抽样技术，能够通过计算标准误、置信区间和进行显著性检验以更好地量化不确定性，它是 PLS 模型进行估计和检验的基本算法。

② 一般来说，克伦巴赫 α 信度系数在 0.7 以上为好，0.4~0.7 为中等，低于 0.4 为较差。

潜变量，模型具有较好的信度。自然资本的克伦巴赫α信度系数在中等以下的主要原因可能是，调查区域为生态脆弱地区，自然环境恶劣，耕地面积少且质量较差，对自然资本的代表性较弱。物质资本的克伦巴赫α信度系数在中等以下的主要原因可能是，物质资本的测量变量如住房、生产资料均需要按照年限、类型进行折算，可能会产生一定的偏差，使得它们的代表性较差。

其次，对模型中测量变量对潜变量的权重进行显著性检验，其结果也能够反映模型的效度，检验结果见表6-6。总体来看，绝大多数测量变量对潜变量的权重均显著，表明所选取的测量变量能够较好地反映潜变量。从表6-6的结果可以发现，牲畜对物质资本的权重不显著，这可能是因为部分农户家庭将收入来源的重点放在外出务工，当主要劳动力外出打工后就逐渐减少或放弃了牲畜养殖，使得牲畜在家庭物质资本中的比例不断下降。

表6-5 内生潜变量与外生潜变量的克伦巴赫α信度系数

变量名称	系数值	变量名称	系数值
人力资本	0.848	社会资本	0.544
自然资本	0.202	风险	0.662
物质资本	0.301	多维贫困	1.000
金融资本	0.787		

表6-6 测量变量对潜变量的权重的显著性检验结果

路径	测量变量对潜变量的权重及显著性	路径	测量变量对潜变量的权重及显著性
家庭的劳动力总数→人力资本	0.929***	现金收入→金融资本	0.924***
家庭成员的受教育程度→人力资本	0.934***	银行存款总额→金融资本	0.891***
总耕地面积→自然资本	0.772***	邻里往来→社会资本	0.516***
耕地质量→自然资本	0.718***	城市中的亲戚数量→社会资本	0.830***
住房→物质资本	0.873***	有大额资金需求时可求助的农户数→社会资本	0.822***
牲畜→物质资本	0.073	多维贫困剥夺得分→多维贫困	1.000***
生活资料→物质资本	0.734***	遭遇风险的次数→风险	0.971***
生产资料→物质资本	0.180***	遭遇风险后的损失金额→风险	0.687***

注：***、**、*分别代表在1%、5%、10%的统计水平上显著。

再次，对不同测量变量进行多重共线性检测，所得的方差膨胀系数（VIF）值见表6-7。从表6-7的数据可以看出，各测量变量的VIF值均在2.5以下，表明测量变量之间不存在多重共线性[①]。最后，对模型整体的拟合优度进行检验。本书使用规范拟合优度指数（NFI）值评价模型的拟合优度。结果显示，模型的NFI值为0.472，模型的拟合优度均接近中等水平，表明模型能够在一定程度上反映各变量之间的关系。

表6-7 测量变量的多重共线性检验结果（VIF值）

变量	VIF	变量	VIF	变量	VIF	变量	VIF
家庭的劳动力总数	2.177	住房	1.120	现金收入	1.726	有大额资金需求时可求助的农户数	1.755
家庭成员的受教育程度	2.177	牲畜	1.015	银行存款总额	1.726	遭遇风险的次数	1.324
总耕地面积	1.013	生活资料	1.168	邻里往来	1.013	遭遇风险后的损失金额	1.324
耕地质量	1.013	生产资料	1.062	城市中的亲戚数量	1.749	多维贫困	1.000

综上来看，模型具有较好的信度和效度，测量变量能够有效地代表潜变量，且测量变量之间不存在多重共线性，两个模型整体的拟合优度较好，模型设定合理。

（二）风险冲击对生计资本和多维贫困的影响

表6-8报告了风险对农户生计资本和多维贫困影响的路径系数。从表6-8中的结果可以看出，"风险→自然资本"路径的系数不显著，表明风险对农户的自然资本基本上没有影响，从而也就无法通过影响自然资本对农户多维贫困产生影响。"风险→人力资本"路径的系数虽然显著，但是"风险→人力资本→多维贫困"路径的系数不显著，表明风险不会通过影响农户人力资本对他们的多维贫困产生影响，这可能是因为人力资本对多维贫困的影响在较长时期才能够显现。从表6-8中风险对农户生计资本的直接效应

[①] 一般来说，VIF值在10以下即可认为变量之间不存在多重共线性。

结果看，风险对农户物质资本的影响最大，表明遭遇风险会导致农户的物质资本明显减少，这可能是由于遭遇风险后农户常常会通过变卖资产来应对，从而限制了他们的物质资本积累。风险对农户金融资本的影响位居其次，说明遭遇风险对农户的金融资本会有严重的负面影响。相对而言，风险对农户人力资本和社会资本的影响较弱，说明遭遇风险会在一定程度上削弱农户的人力资本和社会资本。

从农户生计资本对多维贫困的直接效应看，金融资本对农户改善多维贫困的效应最大，主要的原因可能是，金融资本的一个测量变量是现金收入（家庭实际年收入），而收入较高的农户还可以有效改善他们其他维度的贫困。另一个测量变量是银行存款总额，而存款较多的农户更可能进行投资或扩大再生产，从而较快地摆脱多维贫困。物质资本对农户改善多维贫困的效应位居其次，表明农户住房的改善、家庭资产的增加是其生活变好的重要表现。与金融资本和物质资本相比，社会资本对农户改善多维贫困的作用较弱，说明生态脆弱区农户的社会资本还没有发挥出其在多维减贫中的重要作用。自然资本对农户改善多维贫困的影响更弱，这可能是因为在生态脆弱区，农户拥有的自然资本极少，农业的生产效益低，对改善贫困的作用十分有限。人力资本对农户改善多维贫困的效应最小。这可能是因为，一方面，即使农户的家庭劳动力数量较多，但由于自然资源缺乏，产出很少，农户也无法通过增加劳动力来增加收入，并且，受限于文化和技能水平，劳动力外出务工只能从事简单的体力劳动，对多维贫困的改善作用较弱。另一方面，虽然农户希望通过提高子女的受教育水平阻断贫困的代际传递，但家庭整体文化程度的提升需要一个较为漫长的过程，其对改善贫困的作用也需要较长的时期才能够体现。

路径调节系数是反映外生变量对内生变量的影响、中介变量对内生变量的影响以及内生变量交互影响的指标，其值越大，可以认为模型的解释力度越强。从表 6-8 中的结果可以看出，模型的路径调节系数的值均较小，表明模型的解释力度较弱，这可能是因为样本农户在遭遇风险后的花费存在较大差异，例如，调查中发现，一些遭遇过多次或重大风险的农户，其花费甚至达到 50 万元。另外，对风险的测量变量只有遭遇风险的次数和遭遇风险后的损失金额这 2 个，在一定程度上削弱了模型的解释力度。虽然模型的解释力度较弱，但并不影响本书研究发现的风险冲击通过影响农户生计资本而影响其多维贫困的规律。

表 6-8　风险对生计资本和多维贫困的直接效应、间接效应和总效应

效应	路径	系数	路径调节系数
直接效应	风险→人力资本	-0.065***	0.004
	风险→自然资本	-0.017	0.000
	风险→物质资本	-0.092***	0.009
	风险→金融资本	-0.089***	0.008
	风险→社会资本	-0.058***	0.003
	人力资本→多维贫困	-0.040*	0.002
	自然资本→多维贫困	-0.044**	0.003
	物质资本→多维贫困	-0.159***	0.028***
	金融资本→多维贫困	-0.415***	0.201***
	社会资本→多维贫困	-0.098***	0.010
	风险→多维贫困	0.226***	0.085***
间接效应 a	风险→人力资本→多维贫困	0.003	—
	风险→自然资本→多维贫困	0.001	—
	风险→物质资本→多维贫困	0.015***	—
	风险→金融资本→多维贫困	0.037***	—
	风险→社会资本→多维贫困	0.006***	—
总效应 b	风险→多维贫困	0.288***	—

注：***、**、*分别代表在1%、5%、10%的统计水平上显著。风险冲击对农户多维贫困的间接效应 a 是通过"风险冲击→生计资本"和"生计资本→多维贫困"两条路径系数相乘得到的。风险冲击对农户多维贫困的总效应 b 是直接效应与间接效应之和。

图 6-3 更加直观地展现了风险对农户生计资本和多维贫困影响的参数估计结果。举例说明，从图中的结果可以看出，风险每增加 1 个标准差，将会使农户物质资本的存量降低 0.092 个标准差，而物质资本每降低 1 个标准差，将会使农户的多维贫困得分增加 0.159 个标准差，因此，在"风险→物质资本→多维贫困"单链条中，风险通过物质资本影响农户多维贫困的间接效应为 0.015（0.092×0.159）。关于风险通过其他生计资本对农户多维贫困的影响的解释同上。从风险对农户多维贫困的直接效应看，风险每增加 1 个标准差，农户多维贫困的程度将会增加 0.226 个标准差。由于风险对农

户多维贫困的总效应是直接效应与间接效应之和，可求得分为0.288，表明农户遭遇较多的风险会显著增加他们的多维贫困得分，从而加剧其多维贫困程度。此外，根据各测量变量的权重系数，可得出不同测量变量对潜变量的影响程度，例如，金融资本中，现金收入的权重为0.924，说明农户家庭的现金收入每增加1个标准差，将会使家庭的金融资本提升0.924个标准差，以此类推。

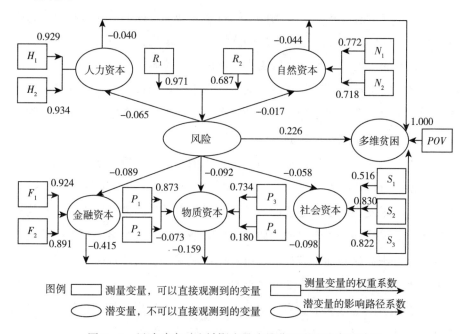

图6-3　风险冲击对生计资本及多维贫困影响的参数估计

注：H_1：家庭的劳动力总数；H_2：家庭成员的受教育程度；N_1：总耕地面积；N_2：耕地质量；F_1：现金收入；F_2：银行存款总额；P_1：住房；P_2：牲畜；P_3：生活资料；P_4：生产资料；S_1：邻里往来；S_2：城市中的亲戚数量；S_3：有大额资金需求时可求助的农户数；R_1：遭遇风险的次数；R_2：遭遇风险后的损失金额；POV：农户多维贫困剥夺得分。

六、本章小结

本章将多维贫困、风险冲击、可持续生计纳入一个分析框架中，研究风险冲击对通过生计资本中介变量对其多维贫困的影响，可为贫困问题的研究拓展新的思路和视野。利用在连片贫困地区获得的贫困农户调研数据，对农户面临的风险冲击进行了分析，以可持续生计分析框架为基础，对连片贫困地区农户的生计资本进行测算，构建结构方程模型，以农户生计资本为中介变量，分析风险冲击通过影响农户生计资本进而对其多维贫困程度的影响机理。

本章的研究结论主要有以下几点。

一是对连片贫困地区农户遭遇的风险冲击进行了归纳和分析，农户遭遇的如大病医疗的意外风险、养老风险等可预见的确定性消费成为农户遭遇频度最高的风险，且遭遇这些风险后的支出金额也最大。

二是对农户的生计资本进行测度，利用熵值法确定不同生计资本指标的权重，计算得出连片贫困地区农户的生计资本值，结果表明，连片贫困地区农户的五项生计资本均处于非常低的水平，五项生计资本中资本量最高的为物质资本，后续发展能力极弱。

三是将风险冲击、生计资本与多维贫困纳入一个分析框架中，构建结构方程模型，分析风险冲击通过生计资本中介变量对农户多维贫困的影响机理。研究结果发现，农户遭遇的风险冲击对除自然资本以外的生计资本均有负向影响，风险冲击对农户的物质资本影响最大，其次是金融资本，而且遭遇的风险冲击会显著加剧农户的多维贫困，风险冲击每增加1个标准差，农户的贫困剥夺得分会增加0.226个标准差。

在连片贫困地区未来农户减贫战略中，应多关注风险管理，使农户避免遭遇风险冲击，促进生计资本的积累，以提升其可持续发展能力，最终摆脱贫困。

第四篇　机会篇

第七章　机会缺失对连片贫困地区农户多维贫困的影响

农户生计资本的脆弱性一方面表现在其会遭遇不同的风险冲击，另一方面的重要体现则是发展机会的缺失。连片贫困地区农户由于地处偏远、交通不便、信息不畅等因素，严重缺乏发展机会，使其生计资本长期处于低水平状态，导致其陷于多维贫困无法脱离。本章对农户可能获得的发展机会进行分类，并对连片贫困地区农户能够获得的发展机会进行分析，在此基础上，构建基于形成型指标的结构方程模型，探讨农户能够获得的发展机会通过生计资本中介变量对其多维贫困状态的影响机理，以期从机会缺失视角丰富和完善贫困研究的理论体系。

一、机会缺失通过生计资本对农户多维贫困影响的机理分析

依阿玛蒂亚·森的权利贫困理论看，任何一种贫困都是权利或其他条件的不足或缺乏导致的，而机会也是一权利，不应该被剥夺。贫困的关键在于机会的缺乏，机会多的人，获得的资源就多，社会地位就高，并且有更大的发展空间和潜力。机会是一种资源，可被定义为接近和获得资源的可能性和权利（王春光，2014）。贫困者所表现出来的贫困表征并不一定是由其自身的禀赋决定的，如连片贫困地区由于环境、基础设施、经济发展水平所限无法为农户提供就业机会、教育、贷款等，从而使他们陷入贫困，如果能够为农户提供良好的教育、技能培训、工作机会或优惠贷款，并在儿童教育、养老、医疗等制度上提供发展机会支持，那么他们就很有可能摆脱贫困（左停等，2018）。在风险决策中，由于贫困阶层的生存风险率太高，导致贫困阶

层在决策过程中机会的不均等，生存风险对贫困阶层与富裕阶层的决策产生了不同影响。如果没有相应的政策对贫困阶层提供更多的机会，将会在两者之间形成机会获得的马太效应，进一步扩大贫富差距（王文龙、唐德善，2008）。

目前国内外对农户能够获得的机会对其贫困状态影响的研究较鲜见，仅有的研究认为金融机会、信息机会等均有利于农户摆脱贫困（Bae et al.，2012）。郑长德和单德朋（2016）将农户可能获得的机会分为农业发展机会、非农业发展机会和潜在发展机会，潜在发展机会包括教育机会和金融机会。王文略等（2018）将农户能够获得的机会分为金融机会、就业机会、教育机会、信息机会、培训机会等，研究发现机会缺失是导致农户贫困的重要原因，能够获得更多发展机会的农户更容易摆脱贫困。还有学者认为以金融信贷为主的经济机会的缺乏会导致贫困人口生产性信贷需求不足，在新的扶贫攻坚阶段，应注重改善农户能够获得的经济机会（单德朋、王英，2017）。

发展机会缺失会导致农户的发展能力不足，而如果能向他们提供更多的发展机会，将会通过提升他们的生计资本改善他们的贫困状态。获得金融机会能使农户得到扩大经营或生计转换的发展资金，从而提升其金融资本（吕勇斌、赵培培，2014）。近年来，中国精准扶贫政策的实施使贫困农户能够获得政策支持，不断提升自身发展能力、增加生计资本积累，进而逐步摆脱贫困。获得信息机会能够使农户获取更多的就业信息、增加与外界的交流，从而丰富他们的社会资本（高梦滔等，2008）。获得培训机会能够使农户掌握一技之长，用于发展农业、畜牧业或外出务工，从而提升他们的人力资本。获得的发展机会越多，农户就越可能获得更多的收入，从而降低其陷入多维贫困的可能性。

根据上述分析，机会缺失是农户无法增加生计资本并陷入贫困的重要原因，若为农户提供更多的发展机会，就能够提升其生计资本，进而减轻多维贫困。同时，关于机会缺失对农户贫困影响的研究，也多从机会缺失对农户贫困的单链条影响出发，缺乏对机会通过生计资本中介变量影响农户贫困状态的机理分析，由此，本章将能够获得的发展机会、生计资本和多维贫困纳入统一的分析框架中，探讨机会缺失→生计资本→多维贫困的传导机制，分析机会缺失通过生计资本中介变量对农户多维贫困影响的机理。

二、连片贫困地区农户的发展机会

（一）农户能够获得的机会分类

1. 信息机会

信息与通信技术的发展极大地促进了社会发展，网络和通信在农村的普及对广大农村地区农户增加收入、摆脱贫困提供了前所未有的机会（高梦滔等，2008）。从世界不同发展中国家看，很多贫困农户面临的一个极大的困难便是他们的孤立，新的信息有助于穷人减少这种孤立，使其获取知识，融入市场并摆脱贫困（World Bank，1999）。不同发展中国家的研究也证明，信息机会的提供为农户和家庭提供了更多的市场机会、知识获取机会，对减贫产生了重要影响（Saunders et al.，1994；Zijp，1994），而国内关于信息机会对农户贫困影响的研究成果仍较少。

由于近年我国精准扶贫政策的不断推进，连片贫困地区的基础设施也得到极大改善，固定电话、移动网络及宽带等设施逐步普及和完善，但不可忽视的是，仍有一部分偏远地区由于成本太高而无法使用较好的通信和网络，而且，一些极贫农户即使具备信息的基础设施，但由于贫困程度深，知识能力弱，无法通过使用现代化的智能手机或电脑进行信息的搜寻来获得发展机会。

2. 培训机会

世界上不同国家实施了各种政策及措施，以帮助贫困群体摆脱贫困，其中劳动力转移成为发展中国家及不发达国家普遍选择的减贫策略之一，使农户通过外出务工来提高收入和生活水平（Pritchett，2006；Banerjee and Duflo，2007；Clemens，2011）。由于连片贫困地区生态环境恶劣，无法依靠农业生产增加收入摆脱贫困，外出务工便成为贫困农户减贫的重要措施。我国2016年外出务工的农村劳动力约为1.6亿人，劳动力转移为贫困农户带来工资收入，使原本只能靠农业收入生活的贫困农户实现生计多样化并逐步摆脱贫困。但由于贫困地区农户自身文化水平及素质的低下，以及长期从事单一农业生产的经历，缺乏务工技能，外出务工仅能从事简单的体力劳动，导致其工资水平低下，减贫效果微弱。

不同贫困地区针对贫困农户技能缺乏的现状，提供了各种外出务工的技能培训，培训机会是在减贫过程中能够为农户"授人以渔"的可持续减贫战略，能使农户快速掌握技能并获得较为稳定和收入较高的工作。但由于培训规模、次数的限制，导致很多农户没有参与技能培训的机会。而且部分培训内容与农户实际外出务工的需求并不匹配，使培训没有起到应有的效果。

3. 金融机会

众多研究表明，发展资金缺乏成为制约农户摆脱贫困的一个重要因素，农户无法从正规金融市场中获得其发展需要的资本，进而导致其发展能力极弱。由此，农村金融体系的完善以及为农户提供更多的金融机会是促进农户脱贫的重要措施（吕勇斌、赵培培，2014；张兵、翁辰，2015）。多数贫困农户有扩大生产、发展产业的愿望，但资金的缺乏使其只能维持现有的生产生活方式，无法得到长远发展。

近年来我国也不断完善农村贫困地区金融政策，破解农户贷款难问题，取得了较大成效，农户贷款的可及性、便利性逐步提升。但连片贫困地区农户由于贫困程度深，无能够抵押的财产，且大多家庭劳动能力弱，偿还贷款能力不足，加之没有能够为其担保的社会关系，使其无法在金融机构获得贷款，严重限制了贫困农户脱贫和发展的步伐。

4. 政策机会

长期以来，国家对连片贫困地区农户脱贫制定了不同的倾斜政策，帮助其提升生计资本促进发展，尤其是近年来国家大力实施的精准扶贫战略，对连片贫困地区农户脱贫起到了巨大作用，向连片贫困地区投入了大量物力和财力，改善连片贫困地区的基础设施，并对贫困农户提供资金、实物的支持，促进其生计资本的提升，逐步摆脱贫困。

根据上述分析，本书将农户能够获得的发展机会分为四类，即信息机会、培训机会、金融机会和政策机会。信息机会是农户是否能够通过现代化的通信技术，如用手机、电脑等上网获得更多的信息；培训机会以一年内是否参加过政府的农业或外出就业培训来衡量；金融机会指农户在遭遇风险或急需开支时通过金融机构或亲朋好友获得资金借贷；政策机会是指农户是否能够获得各级政府的政策帮扶，如生活保障、资金与实物的支持等。具体的机会分类与定义见表7-1。

表 7 - 1　农户能够获得的发展机会分类与定义

机会分类	定　义
信息机会	能够使用手机或电脑上网，并查询相关就业或科技信息
培训机会	一年内参加过政府的农业或外出务工培训一次以上
金融机会	农户在遭遇风险或急需开支时能够通过金融机构或亲朋好友获得资金借贷
政策机会	农户能够得到政府的政策帮扶，包括最低生活保障、资金与实物的支持

（二）样本农户能够获得的机会分析

从调研结果看，农户能够获得的信息机会最多，占样本总量的 53.95%，说明信息化的发展为农户提供了较大便利，尤其是以智能手机为代表的信息化，大部分农户能够通过手机进行交流、获得信息，甚至浏览网页或查询各类信息，但由于连片贫困地区农户文化程度普遍较低，尤其是年龄较大的农户在手机使用方面仍存在问题，而且连片贫困地区的网络普及度及网络接入速度仍需提升。

其次为培训机会，不同地区为促进农户发展，每年提供不同类型的农业技术培训及专门针对外出务工农户的专业技术培训，表示有培训机会的农户占样本总量的 47.61%，但目前我国基层的农户培训仍存在培训次数较少、针对性不强、农户参与意愿不足等问题，导致培训并没有起到应有的效果，尤其是外出务工的培训，农户能够通过政府的培训而提高技能的程度有限。

金融机会中，表示在遭遇风险或急需开支时能够从金融机构贷款或从亲朋好友间借款的农户占 40.79%，说明近年农村信用社改革、农村金融机构的发展对解决农户贷款难问题有较大改善，而且各地逐步发展的诸如农村资金互助协会等组织，采用村民多人联保的方式，极大地方便了农户借贷并降低了成本。但不可否认的是，连片贫困地区农户由于其家庭资产极弱、社会关系不足，可抵押、可担保的人和物极度缺乏，从金融机构借贷仍存在较大困难，而且金融机构贷款的高利息也使农户望而却步，尤其是要满足农户扩大经营或转换发展生计的较大量资金需要更是困难重重。

最后为政策机会，表示能够获得政策机会的农户比例不足 30%，主要原因在于虽然近年来我国大力开展精准扶贫战略，向连片贫困地区投入了大量的人力物力财力，但由于连片贫困地区贫困面广，贫困程度深，政府的扶贫政策红利不一定能够惠及每个贫困农户。目前我国连片贫困地区农户能够获得的政策支持主要有政府帮扶的资金支持，主要用于产业发展，还有一部分以实物形式给予，如为贫困农户提供牲畜、家禽支持其发展畜牧业家禽业，增加其收入来源。还有一部分针对缺乏劳动力的极贫农户，为其提供最低生活保障。

整体来看，农户可获得的发展机会仍不足，表示仅获得 1 项或上述机会中无 1 项的农户占 46.25%，获得 2 项、3 项和 4 项的农户分别各占 20.08%，19.77%和 13.89%，可见能够促进农户发展的外部机会缺乏，限制了农户的可持续发展（表 7-2 和表 7-3）。

表 7-2　农户能够获得的不同发展机会比例

	金融机会	政策机会	信息机会	培训机会
户数	784	563	1 037	915
比例	40.79%	29.29%	53.95%	47.61%

数据来源：根据调研数据整理计算所得。

表 7-3　农户能够获得的机会数量及比例

获得机会数量	1 或 0	2	3	4
户数	889	386	380	267
比例	46.25%	20.08%	19.77%	13.89%

数据来源：根据调研数据整理计算所得。

三、机会对连片贫困地区农户多维贫困影响的模型构建

（一）计量模型构建

本章主要研究农户能够获得的发展机会通过生计资本中介变量对多维贫困的影响，由于农户的生计资本、机会同样无法直接用一个指标准确量化，需要外显指标或可观测指标间接测量，故仍使用与第五章相同的形成型指标结构方程模型。基于形成型指标的结构方程模型介绍及优点详见第五章。

首先构建结构模型（内部模型），用来描述潜变量之间的因果关系，其方程表达式为：

$$\eta = \alpha + \Gamma\xi + \zeta \qquad (7-1)$$

式（7-1）中，η 为内生潜变量向量，在本章中即生计资本和农户多维贫困；ξ 为外生潜变量向量，在本章中即农户能够获得的机会；α 为常数项。Γ 为路径系数，ζ 为残差。

其次，构建测量模型（外部模型），用来描述潜变量与观测变量之间的关系，方程表达式为：

$$\eta = \Pi_y y + \delta_y \qquad (7-2)$$

$$\xi = \Pi_x x + \delta_y \qquad (7-3)$$

式（7-2）（7-3）中，x 是外生潜变量 ξ 的观测变量，本章中用信息机会、培训机会、金融机会和政策机会 4 个变量作为外生潜变量机会的测量变量。y 是内生潜变量 η 的观测变量，本章中仍使用家庭劳动力总数和家庭成员受教育程度两个变量作为生计资本中人力资本的测量变量。Π 是多元回归系数矩阵，δ 为残差项。

（二）指标选择与描述性统计

1. 机会

在上述分析中，将农户能够获得的机会分为信息机会、培训机会、金融机会和政策机会，本书在对机会潜变量的描述中，使用上述四个机会作为测量变量，以农户是否能够获得上述机会为准，设置 0～1 变量，具体指标的设定见表 7-4。

表 7-4　农户能够获得的发展机会分类与定义

机会分类	定　义
信息机会	能够使用手机或电脑上网，并查询相关就业或科技信息＝1，不能＝0
培训机会	一年内参加过政府的农业或外出务工培训一次以上＝1，没有参加＝0
金融机会	农户在遭遇风险或急需开支时能够通过金融机构或亲朋好友获得资金借贷＝1，不能＝0
政策机会	农户得到政府的政策帮扶，包括最低生活保障、资金与实物的支持＝1，没有＝0

2. 生计资本

本章仍沿用英国国际发展署对农户生计资本的划分方法，将农户的生计资本分为人力资本、自然资本、金融资本、物质资本和社会资本，每项资本的测量变量与生计资本的测算变量一致，详见第六章表 6-3。

3. 多维贫困

利用联合国开发计划署、Alkire 等学者不断改进的多维贫困测度方法，对生计脆弱区农户的多维贫困测度进行测算，具体计算结果见第四章。本章同样使用农户多维贫困剥夺得分衡量农户的多维贫困程度，农户多维贫困剥夺得分越高，农户越贫困。

具体指标解释及描述性统计见表 7 - 5。

表 7 - 5　机会、农户生计资本及多维贫困指标

变量	指标	均值	标准差
机会	金融机会	0.408	0.492
	政策机会	0.235	0.424
	信息机会	0.540	0.499
	培训机会	0.476	0.500
人力资本	家庭的劳动力总数	2.995	1.330
	家庭成员的受教育程度	1.401	0.880
自然资本	总耕地面积	8.852	10.971
	耕地质量	0.263	0.405
物质资本	住房	51.029	59.239
	牲畜	1.111	3.428
	生活资料	4.976	2.540
	生产资料	0.132	0.334
金融资本	现金收入	3.982	4.148
	银行存款总额	2.694	3.138
社会资本	邻里往来	55.593	48.245
	城市中的亲戚数量	1.084	3.955
	有大额资金需求时可求助的农户数	0.676	2.515
贫困剥夺得分	农户多维贫困剥夺得分	0.294	0.168

四、机会对连片贫困地区农户多维贫困影响的计量结果分析

（一）模型信度和效度评价

同第五章类似，首先对模型的信度进行评价。表 7 - 6 报告了模型中潜

变量的克伦巴赫 α 信度系数，可以看出，除了自然资本和物质资本两个潜变量的克伦巴赫 α 信度系数在中等以下外，其他潜变量的克伦巴赫 α 信度系数均在中等以上，表明所选取的测量变量能够较好地代表潜变量，模型具有较好的信度。其次，对模型中测量变量对潜变量的权重进行显著性检验，检验结果见表 7－7。总体来看，绝大多数测量变量对潜变量的权重均显著，表明所选取的测量变量能够较好地反映潜变量。

表7－6 内生潜变量与外生潜变量的克伦巴赫 α 信度系数

变量名称	系数值	变量名称	系数值
人力资本	0.848	社会资本	0.544
自然资本	0.202	机会	0.812
物质资本	0.301	多维贫困	1.000
金融资本	0.787		

表7－7 测量变量对潜变量的权重的显著性检验结果

路径	测量变量对潜变量的权重及显著性	路径	测量变量对潜变量的权重及显著性
家庭的劳动力总数→人力资本	0.932***	银行存款总额→金融资本	0.901***
家庭成员的受教育程度→人力资本	0.928***	邻里往来→社会资本	0.423***
总耕地面积→自然资本	0.743***	城市中的亲戚数量→社会资本	0.868***
耕地质量→自然资本	0.748***	有大额资金需求时可求助的农户数→社会资本	0.854***
住房→物质资本	0.813***	多维贫困剥夺得分→多维贫困	1.000***
牲畜→物质资本	0.022	金融机会→机会	0.751***
生活资料→物质资本	0.803***	政策机会→机会	0.380***
生产资料→物质资本	0.227***	信息机会→机会	0.770***
现金收入→金融资本	0.914***	培训机会→机会	0.695***

注：＊＊＊代表在1%的统计水平上显著。

对不同测量变量进行多重共线性检测，所得的方差膨胀系数（VIF）值见表 7－8。从表 7－8 的数据可以看出，各测量变量的 VIF 值均在 2.5 以下，表明测量变量之间不存在多重共线性。最后，对模型整体的拟合优度进行检验。结果显示，模型的 NFI 值为 0.453，拟合优度均接近中等水平，表明模型能够在一定程度上反映各变量之间的关系。

表 7-8　测量变量的多重共线性检验结果（VIF 值）

变量	VIF	变量	VIF	变量	VIF	变量	VIF
家庭的劳动力总数	2.177	牲畜	1.015	邻里往来	1.013	信息机会	2.460
家庭成员的受教育程度	2.177	生活资料	1.168	城市中的亲戚数量	1.749	培训机会	1.066
总耕地面积	1.013	生产资料	1.062	有大额资金需求时可求助的农户数	1.755	多维贫困	1.000
耕地质量	1.013	现金收入	1.726	金融机会	2.435		
住房	1.120	银行存款总额	1.726	政策机会	1.021		

综上来看，模型具有较好的信度和效度，测量变量能够有效地代表潜变量，且测量变量之间不存在多重共线性，模型整体的拟合优度较好，模型设定合理。

（二）机会对农户生计资本和多维贫困的影响

根据上述结构方程模型，应用 SmartPLS3.0 进行最小二乘算法估计并执行 Bootstrapping 命令，所得结果如表 7-9 所示。

表 7-9 报告了机会对农户生计资本和多维贫困影响的路径系数。从表 7-9 的结果可以看出，"机会→自然资本""机会→自然资本→多维贫困"路径的系数均不显著，表明即使农户获得较多的发展机会，他们拥有的自然资本也很难改变，而且对改善多维贫困也发挥不了作用。主要原因在于农户获得更多诸如信息、培训机会后，多会选择外出务工或者从事收益较高的其他行业，而连片贫困地区由于其自身环境较差，农业生产也处于一定的劣势，多为产量极低的坡地，自然资本对农户的多维贫困已不再产生减缓的作用。

"机会→人力资本"路径的系数显著，机会每增加 1 个标准差，农户的人力资本增加 0.471 个标准差。说明农户能够获得的外部机会能够显著增加其人力资本，如信息机会能够使农户获得更多的科技信息，不断扩展其知识来源，培训机会能够使农户掌握更多技能。但是"机会→人力资本→多维贫困"路径的系数不显著，这可能也是因为人力资本对多维贫困的影响在短期内仍没有充分体现出来。

机会对金融资本的路径系数为 0.448，说明农户能够获得的发展机会每增加 1 个标准差，金融资本能够增加 0.448 个标准差，农户能够通过培训、信息等机会获得更多增加收入的途径，提升金融资本，而且机会增加能够使农户获得更多支持其发展的借贷，尤其是金融机会的增加，能够显著促进农户金融资本的提升。

农户能够获得的发展机会对物质资本的影响较大，农户能够获得的发展机会每增加 1 个标准差，农户的物质资本会增加 0.445 个标准差，说明农户在获得更多的发展机会后，首先会考虑改善自身生存条件，如修建新房、购置生活资料，另外由于大部分农户仍以农业生产为主要生计，仍需要购买大量的农业机械，还有进行畜牧业养殖，进而使农户获得的发展机会对其物质资本的改善较大。

机会对社会资本的路径系数为 0.219，充分说明农户能够获得的机会对社会资本有较强的正向作用，获得的机会越多，社会关系越丰富。尤其是现在信息技术在农村的普及，使农户能够获得的信息机会越来越多，农户使用电脑或手机上网，不仅可以查询就业或科技信息，而且可以通过不同的通信手段获得更多的社会关系，与其他农户交流，不断丰富其社会资本。但机会对社会资本的影响仍小于对物质资本和金融资本的影响，农户获得的机会对其社会资本存量的促进作用仍需提升。

从农户生计资本对多维贫困的直接效应看，人力资本对农户多维贫困的影响不显著，可能的原因在于人力资本提升对农户多维贫困的改善具有一定的滞后性，在较长时期之后才能够显现出来。农户社会资本对改善贫困的效应较小，说明农户的社会资本在减贫中还未发挥作用，而物质资本和金融资本对改善农户多维贫困的效应最大。从模型的路径调节系数看，大部分路径调节系数的值在中等水平以上，表明整体上模型的解释力度较强。

表 7-9　机会对生计资本与多维贫困的直接效应、间接效应和总效应

效应	路径	系数	路径调节系数
直接效应	机会→人力资本	0.471***	0.284***
	机会→自然资本	0.013	0.000
	机会→物质资本	0.445***	0.247***
	机会→金融资本	0.448***	0.251***
	机会→社会资本	0.219***	0.050**
	人力资本→多维贫困	0.010	0.000
	自然资本→多维贫困	−0.051***	0.004
	物质资本→多维贫困	−0.145***	0.020**
	金融资本→多维贫困	−0.408***	0.172***
	社会资本→多维贫困	−0.093***	0.012
	机会→多维贫困	−0.124***	0.016***
间接效应 a	机会→人力资本→多维贫困	−0.005	—
	机会→自然资本→多维贫困	−0.001	—
	机会→物质资本→多维贫困	−0.065***	—
	机会→金融资本→多维贫困	−0.183***	—
	机会→社会资本→多维贫困	−0.020***	—
总效应 b	机会→多维贫困	−0.398***	—

注：***、**、* 分别代表在 1%、5%、10%的统计水平上显著。机会对农户多维贫困的间接效应 a 是通过"机会→生计资本"和"生计资本→多维贫困"两条路径系数相乘得到的。机会对农户多维贫困的总效应 b 是直接效应与间接效应之和。

　　图 7-1 直观地展现了机会对农户生计资本及多维贫困影响的参数估计结果。举例说明，从图 7-1 的结果可以看出，机会每增加 1 个标准差，将会使农户的物质资本存量增加 0.445 个标准差，而物质资本每增加 1 个标准差，将会使农户的多维贫困得分下降 0.145 个标准差，因此，在"机会→物质资本→多维贫困"单链条中，机会通过物质资本影响农户多维贫困的间接效应为−0.065×[0.445×（−0.145）]。关于机会通过其他生计资本对农户多维贫困的影响的解释同上。从机会对农户多维贫困的直接效应看，机会每增加 1 个标准差，农户多维贫困的程度将会降低 0.124 个标准差。由于机会

对农户多维贫困的总效应是直接效应与间接效应之和，可求得分为－0.398，表明农户获得较多的发展机会能够显著降低他们的多维贫困得分，从而缓解其多维贫困程度。

整体来看，农户能够获得的外部机会，可以有效改善农户的生计资本存量，并通过提升农户的可持续生计资本而减缓多维贫困。

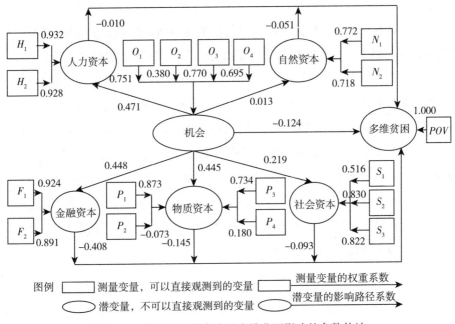

图7-1　机会对生计资本及多维贫困影响的参数估计

注：H_1：家庭的劳动力总数；H_2：家庭成员的受教育程度；N_1：总耕地面积；N_2：耕地质量；F_1：现金收入；F_2：银行存款总额；P_1：住房；P_2：牲畜；P_3：生活资料；P_4：生产资料；S_1：邻里往来；S_2：城市中的亲戚数量；S_3：有大额资金需求时可求助的农户数；O_1：金融机会；O_2：政策机会；O_3：信息机会；O_4：培训机会；POV：农户多维贫困剥夺得分。

总体而言，农户能够获得的发展机会对连片地区农户的金融资本、人力资本、物质资本和社会资本有显著的促进作用，获得的发展机会越多，能够显著增加上述资本的存量，但农户能够获得的发展机会对其自然资本无显著影响。农户的金融、人力、物质和社会资本的增加会显著降低农户多维贫困状态。从发展机会对农户多维贫困的直接效应来看，农户能够获得的发展机会越多，越能够减缓其多维贫困状态。

五、本章小结

本章将机会、生计资本与多维贫困纳入一个分析框架中，分析机会通过农户生计资本中介变量对多维贫困的影响，本章的研究结论主要有以下几点。

一是对农户可获得的发展机会进行归类和分析，除获得信息机会的农户比例在50％以上外，农户能够获得培训机会、金融机会和政策机会的比例均在50％以下，农户能够获得的发展机会贫乏，同时能够获得上述四种机会的农户仅不到15％。农户的机会缺失成为导致其多维贫困的重要原因。

二是农户能够获得的发展机会对除自然资本以外的生计资本有显著改善作用，对人力资本和金融资本的提升作用最大，而且可获得的发展机会能够通过生计资本的提升而改善多维贫困状态，发展机会每增加1个标准差，农户的贫困剥夺得分下降0.124个标准差。在连片贫困地区未来的减贫战略中，应为其提供更多的发展机会，促进生计资本的积累，以提升其可持续发展能力，最终摆脱贫困。

第八章 风险态度对连片贫困地区农户多维贫困的影响

从第六、七章的研究结论可以看出，风险冲击和机会缺失会导致农户陷入多维贫困，农户意识到风险冲击会对其带来巨大打击，便坚持使用自己认为保险的但实际上落后的生产技术和生计方式，具有更加风险厌恶的特征，导致其长期陷入贫困；对于机会缺失，可以通过政策干预、改善外部环境为其提供更多的发展机会，以提升贫困地区农户脱贫的能力。但更为重要的是，农户对于发展机会把握的意识不足，其核心表现为农户的风险态度具有风险厌恶的特征，当提供给农户更多的机会时，农户是否能够承担一定的风险去把握机会，促进自身发展，是农户减贫的根本。由此，本章基于 Holt - Laury 实验方法，以我国连片贫困地区农户为样本进行风险态度实验，计算得到农户风险厌恶系数和损失厌恶系数，探讨农户风险态度对其多维贫困的影响，以期使农户不断改变风险态度，把握能够促进其发展的一切机会，尽快摆脱贫困。

一、农户风险态度对多维贫困影响的机理分析

不同群体均暴露在不同的自然灾害、不可预见的风险中（陈传波、丁士军，2003），风险成为穷人得不到高回报的重要阻碍（Kanbur and Squire，2001），不同的风险和冲击对各地特别是发展中国家的经济福利构成持续威胁，不仅改变生活环境，而且导致个体风险态度的变化（Cassar et al.，2017；Rosenzweig and Binswanger，1992）。脆弱家庭更容易遭遇风险、具有更高的风险厌恶（Gloede et al.，2015），由于农户长期面对各种风险，倾向于节省资金，而一直从事低风险，低收入的生产活动，风险冲击和农业

投资的低效率导致资产积累不足使他们陷入长期的低平衡资产贫困（You，2014）。多数研究结论认为，风险偏好的农户更愿意采用新技术、进行多样化种植、参加移民搬迁等公共政策而使其贫困状态得到改善（Jumare，2016；Holden，2015；Bezabih and Sarr，2012；Ayhan et al.，2017）。

连片贫困地区农户由于恶劣的自然环境、脆弱的人力资本，使其时刻面临着风险冲击，贫困人口由于意识到负面冲击会使他们陷入赤贫，为了规避风险往往会选择低收益低风险的经营活动，坚持使用那些看起来比较保险，但实际上落后的生产技术和谋生手段，从而长期陷入贫困（郑长德、单德朋，2016；陈传波、丁士军，2003）。不同学者的研究也证明贫困农户多具有风险厌恶的特征，不愿意接受新技术、参加能够改善其生计的公共政策等，使其囿于贫困无法脱离（Mao et al.，2016）。但现有研究多从农户风险态度对其收入的影响入手，农户风险态度对其多维贫困影响的研究仍较鲜见。

鉴于农户的风险态度对其贫困状态的重要影响，科学测度农户的风险态度成为贫困和风险研究中的重要内容，Von Neumann 和 Morgenstern（1945）提出的期望效用理论函数及 Daniel Kahneman（1979）提出的前景理论，为科学测度农户风险态度提供了理论基础。在此基础上，以 Holt 和 Laury（2002）为代表的学者基于实验经济学方法，设计了一系列成对彩票抽奖游戏对个体风险态度进行测度的方法，即 Holt - Laury 实验方法，成为国内外对农户风险态度测量的重要方法。

国内学者自 21 世纪初开始借鉴实验方法对个体的风险态度进行研判，但由于该实验机制需要在严格的实验条件下进行，国内研究初期仅局限于文化层次及接受程度较高的大学生群体（周业安等，2012），而后逐步应用到对农户个体的风险态度测度，并研究农户的风险态度与农户决策行为之间的关系。研究结果表明农户风险偏好对技术采用、农业投入、土地流转、农户安全生产等决策行为都会产生重要影响（周波、张旭，2014；侯麟科等，2014；孙小龙、郭沛，2016；仇焕广等，2014），而对风险态度与多维贫困之间关系的研究仍属空白。

不同学者提出减贫战略中首先要考虑的是改变农户的风险态度（Brick and Visser，2015），进一步发展安全网来提升农户的风险应对策略（Dercon，

2002)。World Bank（2014）首次将风险纳入贫困的研究视野中，认为个体贫困最根本的原因是缺乏风险管理。为了让穷人更多地获得机遇，需要为贫困农户提供更多的机会，以改善农户在遭遇风险时的脆弱性（王文略等，2015）。由于贫困群体的风险厌恶态度，不愿意接受新技术、参加能够改善其生计的公共政策（Mao et al.，2016），使其囿于贫困无法脱离，而持续的贫困逆向导致其羸弱的风险管理能力，在遭遇风险和冲击后无力应对，甚至更加风险厌恶（Freudenreich et al.，2017），失败的风险管理又导致农户缺乏人力资本和社会资本，增加使其陷入贫困的可能性，形成了贫困循环陷阱（Som，2017；Mosley and Verschoor，2003；Rampini and Viswanathan，2016）。

综合上述分析，贫困农户的风险厌恶态度导致其不愿采用新技术、不愿参加公共政策、始终采用他们认为保险但却落后的技术或谋生手段，导致他们的投资低收益、低回报，生活水平变差，长期陷入多维贫困，农户风险态度对其多维贫困的影响机理如图 8-1 所示。

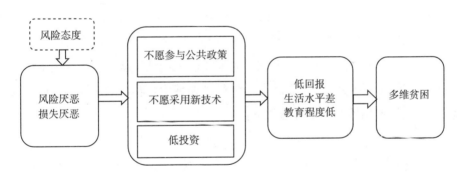

图 8-1　风险态度对农户多维贫困的影响机理

二、基于实验经济学方法的连片贫困地区农户风险态度测度

（一）数据说明

由于使用 Holt-Laury 实验方法获取农户风险厌恶水平的实验需要实际支付给农户现金进行激励，成本较高，而且需要农户能够完全理解实验过

程，实验难度较大。在对我国 8 个连片贫困地区农户调研过程中，最终选取了 170 户农户进行该实验，获得了 170 户农户的实验数据及其个人及家庭基本信息、经营信息及经济状况等，在数据处理过程中，剔除由于农户对实验过程不理解，数据不合理等情况造成的无效问卷 7 份，共获得了 163 户农户的实验数据，样本有效率为 95.88%。

（二）农户风险态度测度方法

对于农户风险态度的测度，通常使用风险厌恶系数和损失厌恶系数的计算来衡量，风险厌恶系数大于零时，个体表现为风险厌恶态度，小于零时，个体表现为风险偏好态度，同样，损失厌恶系数越大，越具有损失厌恶的特征。具体的计算方法如下。

1. 风险厌恶

预期效用理论（EUT）表明理性人会最大化其不确定条件下最终财富的期望效用，用公式表达为

$$\sum_{i=1}^{n} p_i u(W_i) \qquad (8-1)$$

$u(W_i)$ 源于一个简单彩票的财富值 W_i 所对应的伯努利效用函数，财富 W_i 为与概率 p_i 相对应的 n 种可能性彩票收入的结果状态。当效用函数式为凹时，认为个体是风险厌恶，在公平性的赌博中更喜欢确定性的预期收入 W_i。风险厌恶系数的测量方程如下：

$$r(W) = -u''(W)/u'(W) \qquad (8-2)$$

个体的风险厌恶程度由 $r(W) > 0$ 来表示，风险喜好程度由 $r(W) < 0$ 来表示，风险中性态度由 $r(W) = 0$ 来表示。然而在风险实验中，相对风险厌恶参数

$$r(W) = -M^* u''(W)/u'(W) \qquad (8-3)$$

被经常用来估计相对风险厌恶程度，这里 M 是实验中提供的财富值的变化，相对风险厌恶（CRRA）效用函数可表示如下：

$$u(M) = \frac{M^{1-\sigma}}{1-\sigma} \qquad (8-4)$$

式（8-4）中，σ 代表效用函数的曲率，$r(M) = \sigma$。为了估计风险厌恶参数 σ，风险实验经常采用从包含成对的不同概率 p_i 和支付财富额 M_i 抽

奖列表中进行选择的方式（即 Holt - Laury 机制）进行。风险厌恶程度 σ 通过使两次个人预期效用水平相等的抽奖来计算得到其值域区间。

$$\sum\nolimits_{i=1}^{n} p_i \frac{M^{1-\sigma}}{1-\sigma} \qquad (8-5)$$

2. 损失厌恶

除了风险厌恶，损失厌恶也是表示风险态度的一个重要方面。损失厌恶的概念源于前景理论，是预期效用理论的延伸拓展，前景理论的实质是个体在面对损失趋势的预期要明显大于对同样程度获得趋势的预期，即 $u(M) < -u(-M)$。损失厌恶也可以通过抽彩游戏来测量，但需要在抽彩的选项中加入负向的财富值。当面对可能出现的损失时，实验对象通常会比在只有利得的游戏中，选取相对更为安全的选项。运用效用函数可以估计其损失厌恶程度，对于利得 $M>0$，

$$u(M) = \frac{M^{1-\sigma}}{1-\sigma} \qquad (8-6)$$

对于损失 $M<0$，

$$u(M) = -\lambda \frac{M^{1-\sigma}}{1-\sigma} \qquad (8-7)$$

λ 即是损失厌恶参数值。

（三）农户风险态度测度实验过程

在实际实验过程中，采用 Holt - Laury 实验方法，使用 MPL 方法提供一个简单的彩票实验，每个实验参与者都可以选择两个 A 和 B 的彩票（表8-1）。如表8-1的第一行，彩票 A 提供 12 元的固定收益，彩票 B 有 50% 的概率得到 8 元，50% 的概率得到 6 元。E（A）和 E（B）分别是彩票 A 和 B 的期望值，E（A）-E（B）是彩票 A 和 B 的期望值的差异，但 E（A）-E（B）的值并未出示给参与者。当参与者将选项逐步向下移动时，E（B）和"E（B）-E（A）"的值逐步增大。

此外，参与者在实验开始之前被告知，每张表中的 10 个彩票选项中只有一项能够选择，并且将根据选中的彩票答案予以现金支付。问卷共有四张表，表8-1、表8-2、表8-3中的货币收入值均为正值，用于测算风险厌恶系数。表8-4中有正数和负数，用于测算损失厌恶系数。

由于参与者教育水平和理解能力较差，在实验过程中通过使用乒乓球游戏进行简化：以表8-2的实验表格为例，在盒子中放四个乒乓球，一个黑色三个白色，以此向农户解释概率，如在表8-2中的第十题中，当农户选B，抽中黑色乒乓球时，表明农户能够获得69元的收益，抽中白色乒乓球时，只能获得6元收益。不同的实验表格所得收益的概率不同（如表8-1为50%，表8-2为25%，表8-3为10%），实验对象在不同概率下的选择也更加慎重。这项游戏的直观目的是观察参与者偏好在哪一题开始由选项A转向选项B，以揭示实验对象的风险偏好水平。所有这些说明在实验之前向农户进行充分解释，并且在正式实验之前会有多个练习表格和实验，以保证农户能够完全理解实验内容。

在得到农户由选项A转向选项B的转换点后，对表8-1、表8-2、表8-3表中各个转换点对应的风险厌恶系数进行计算。计算过程如下：如果参与者在表8-1的第2行中选择选项A，在表8-1的第3行转向选择B，则农户的风险态度可以表示为：

$$\frac{12^{1-\sigma}}{1-\sigma} \geqslant 0.5 \times \frac{10^{1-\sigma}}{1-\sigma} + 0.5 \times \frac{6^{1-\sigma}}{1-\sigma} \qquad (8-8)$$

$$和 \frac{12^{1-\sigma}}{1-\sigma} \leqslant 0.5 \times \frac{10^{1-\sigma}}{1-\sigma} + 0.5 \times \frac{6^{1-\sigma}}{1-\sigma} \qquad (8-9)$$

通过同时求解上述两个方程，得到风险厌恶参数的区间值，取该区间值的中值为该表所测得的风险厌恶系数。最后，将从表8-1、表8-2、表8-3获得的风险厌恶系数的平均值作为实验者的风险厌恶水平。

同理，在得到农户风险厌恶系数后，利用农户在表8-4中的选择转换项及上述式（8-8）和式（8-9）的方程求解，测算出农户的损失厌恶系数λ。当然并非所有问卷均符合先选A再选B的规则，在最终分析中将不合理问卷予以删除，以保证风险厌恶系数和损失厌恶系数的准确性。

使用上述方法测度所得的系数分别为风险厌恶系数和损失厌恶系数，分别衡量农户在面临利得的情况下的风险态度以及面对损失情况下的风险态度。风险厌恶系数为负时，表明农户风险偏好，风险厌恶系数为正时，表明农户风险厌恶，系数值越小，风险偏好越强。同样，损失厌恶系数越小，风险偏好越强。

表 8-1 农户风险态度实验表格 1

序号	概率	选项 A			选项 B				E (A)−E (B) (元)
		金额 (元)	概率	金额 (元)	概率	金额 (元)	概率	金额 (元)	
1	1	12			0.5	8	0.5	6	5
2	1	12			0.5	10	0.5	6	4
3	1	12			0.5	11	0.5	6	3
4	1	12			0.5	16	0.5	6	1
5	1	12			0.5	19	0.5	6	−1
6	1	12			0.5	22	0.5	6	−2
7	1	12			0.5	25	0.5	6	−2
8	1	12			0.5	29	0.5	6	−5
9	1	12			0.5	34	0.5	6	−8
10	1	12			0.5	38	0.5	6	−10

表 8-2 农户风险态度实验表格 2

序号	概率	选项 A			选项 B				E (A)−E (B) (元)
		金额 (元)	概率	金额 (元)	概率	金额 (元)	概率	金额 (元)	
1	1	12			0.25	8	0.75	6	6
2	1	12			0.25	11	0.75	6	5
3	1	12			0.25	14	0.75	6	4
4	1	12			0.25	24	0.75	6	2
5	1	12			0.25	30	0.75	6	0
6	1	12			0.25	37	0.75	6	−2
7	1	12			0.25	43	0.75	6	−3
8	1	12			0.25	50	0.75	6	−5
9	1	12			0.25	59	0.75	6	−7
10	1	12			0.25	69	0.75	6	−10

表 8 - 3 农户风险态度实验表格 3

| 序号 | 概率 | 选项 A | | | 选项 B | | | | E (A)－E (B) (元) |
		金额（元）	概率	金额（元）	概率	金额（元）	概率	金额（元）	
1	1	12			0.1	8	0.9	6	6
2	1	12			0.1	16	0.9	6	5
3	1	12			0.1	24	0.9	6	4
4	1	12			0.1	48	0.9	6	2
5	1	12			0.1	64	0.9	6	0
6	1	12			0.1	80	0.9	6	－1
7	1	12			0.1	96	0.9	6	－3
8	1	12			0.1	112	0.9	6	－5
9	1	12			0.1	136	0.9	6	－7
10	1	12			0.1	160	0.9	6	－9

表 8 - 4 农户风险态度实验表格 4

| 序号 | 概率 | 选项 A | | | 选项 B | | | | E (A)－E (B) (元) |
		金额（元）	概率	金额（元）	概率	金额（元）	概率	金额（元）	
1	0.5	30	0.5	－8	0.5	60	0.5	－30	－4
2	0.5	26	0.5	－8	0.5	60	0.5	－30	－6
3	0.5	22	0.5	－8	0.5	60	0.5	－30	－8
4	0.5	18	0.5	－8	0.5	60	0.5	－30	－10
5	0.5	14	0.5	－8	0.5	60	0.5	－30	－12
6	0.5	10	0.5	－8	0.5	60	0.5	－30	－14
7	0.5	6	0.5	－8	0.5	60	0.5	－30	－16
8	0.5	2	0.5	－8	0.5	60	0.5	－30	－18
9	0.5	－2	0.5	－8	0.5	60	0.5	－30	－20
10	0.5	－202	0.5	－8	0.5	60	0.5	－30	－120

三、基于实验经济学方法的农户风险态度测度结果分析

（一）风险厌恶系数

如图 8-2 和图 8-3 所示，图中横轴依次代表问卷中从 1 到 10 十个选项，纵轴代表农户在不同的选项中选择 A 的比例，图右方为图示："1-A"代表农户在问卷 1（表 8-1）各个选项中选择 A 的比例，"2-A"代表农户在问卷 2（表 8-2）中各个选项中选择 A 的比例，"3-A"代表农户中在问卷 3（表 8-3）各个选项中选择 A 的比例，"1-A 风险中性趋势线"是根据期望效用理论推测的表 8-1 中的标准转换趋势线，"2-A 和 3-A 风险中性趋势线"是根据期望效用理论推测的表 8-2 和表 8-3 中的标准转换趋势线，详见表 8-1、表 8-2 和表 8-3 中各个问卷表格的期望值表。

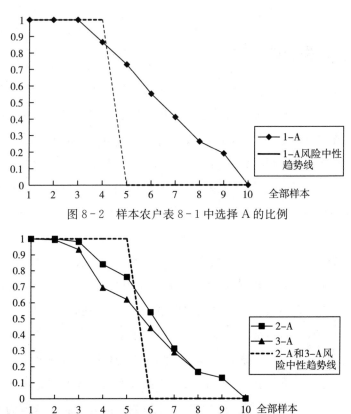

图 8-2　样本农户表 8-1 中选择 A 的比例

图 8-3　样本农户在表 8-2、表 8-3 中选择 A 的比例

从图 8-2 和图 8-3 可以看出，样本农户在实验中选择 A 的比例基本处于稳定下降的趋势，并且在表 8-1 及表 8-2 和表 8-3 的选择中基本在风险中性趋势性两侧均匀分布，但不同的农户在实验中的选择结果均不同程度背离了期望效用理论的标准趋势线，计算所得的样本农户的风险厌恶系数为0.23，说明样本农户具有风险厌恶特征。

结合前人在其他国家的研究，学者估计的美国样本农户的风险厌恶系数值介于 0.68 与 0.97 之间（Holt and Laury，2002），在印度介于 0.68 与0.71 之间（Binswanger，1980），赞比亚介于 0.81 到 2.0 之间（Wik，2004）。Tanaka 等在越南实验得到的风险厌恶系数值在 0.6 附近（Tanaka et al.，2010），而 Liu 进行的实验得到的平均估计值为 0.48（Liu and Huang，2013）。本书得到的平均估计值为 0.23，小于前人研究得到的风险厌恶均值，即本书选取的研究样本农户相对于其他地区农户表现出较低的风险厌恶特征。

（二）损失厌恶系数

对于损失厌恶，整体样本的损失厌恶系数为 1.648，说明农户在面临损失的选择时，表现出较强的厌恶心理。相比其他国家学者的研究，在乌干达的研究中获取的农户损失厌恶系数为 3.93（Tanaka and Munro，2013），Liu 在中国进行实验得到的损失厌恶系数介于 2.5～3 之间（Liu and Huang，2013），而本书样本农户的损失厌恶均值为 1.648，说明相比其他国家学者的研究结论，本研究所选样本农户表现出了较低的损失厌恶水平。

本书对样本农户风险态度的测度结果表明，样本农户相对于世界其他地区农户的风险态度表现出较小的风险厌恶和损失厌恶水平，可能的原因在于，近年来我国大力实施的精准扶贫战略，使农户不断接触到不同的公共政策，同时，在政府减贫战略的推动下，能够主动把握发展机会，在一定程度上提升了其自身脱贫的意识和愿望，不同地方的精准扶贫战略为贫困农户提供物质及产业发展的帮扶，使贫困农户逐渐改变风险规避的意识，能够主动把握机会并摆脱贫困。但测得的风险厌恶系数和损失厌恶系数值仍表明样本连片贫困地区农户具有风险厌恶的特征。

四、农户风险态度对多维贫困影响的指标选择与模型构建

(一) 变量选择与描述性分析

1. 农户陷入贫困的维度数及贫困剥夺得分

在已有研究中，多以贫困地区的贫困发生率为贫困代理指标，无法对农户个体的贫困状况进行评估 (帅传敏等，2016)，对农户贫困状态的反映不尽全面。本书使用农户陷入贫困的维度数和贫困剥夺得分来衡量农户的多维贫困状态，以定量分析农户风险态度对其多维贫困的影响。农户陷入贫困的维度数及贫困剥夺得分仍采用第四章介绍的 AF 多维贫困测度方法计算得出。

2. 风险厌恶系数与损失厌恶系数

由于通过 Holt - Laury 实验方法测算的风险厌恶系数为一组区间数据，借鉴前人研究，取区间数据的中值为农户的风险厌恶系数。为克服实验时对实验机制不完全理解的情况及随机性，本章对表 8-1、表 8-2 及表 8-3 测算的风险厌恶系数取平均值，最终获得每个农户的平均风险厌恶系数，损失厌恶系数根据表 8-4 的实验结果测算得出。

为验证结果的稳健性，同时选取了根据表 8-3 计算所得的风险厌恶系数中值进行了回归，原因是表 8-3 中对应的金额较表 8-1 和表 8-2 更大，如具有风险偏好的农户最大可能获得 160 元的收益，相当于一个农村劳动力 2~3 天的务工工资，农户在选择时会更为谨慎，另外通过表 8-1 和表 8-2 的实验，能够保证农户完全理解实验规则。具体的实验表格见表 8-1、表 8-2、表 8-3 和表 8-4。

3. 控制变量

根据前人研究，人们所处的环境、自身禀赋、距离城镇的距离等均影响农户的贫困状态，为此，选取户主性别、年龄、教育年限、家庭人口、劳动力人口、家庭抚养比及离镇距离为控制变量。

具体变量解释及描述性统计见表 8-5。

表 8 - 5　变量定义及描述性统计

	变量名	变量含义及赋值	平均值	标准差
被解释 变量	农户陷入贫困的维度数	根据多维贫困测度方法测算所得	4.63	2.20
	农户贫困剥夺得分	根据多维贫困测度方法测算所得	0.35	0.20
解释 变量	表8-1、表8-2、表8-3计 算所得风险厌恶系数均值	根据实验方法测算所得	0.23	1.01
	表8-3计算所得风险厌恶系数	根据实验方法测算所得	0.47	1.28
	损失厌恶系数	根据实验方法测算所得	1.62	0.69
控制 变量	性别	1=男；0=女	0.94	0.24
	年龄	户主实际年龄	53.28	11.64
	文化程度	实际受教育年限	6.41	4.41
	家庭人口	实际家庭人口数量	3.73	1.42
	劳动力人口	家庭中农业和外出务工劳动力数量	2.09	1.09
	家庭抚养比	家庭中老人、上学子女占 家庭总人口比例	0.30	0.32
	离镇距离	家庭居住地离最近集镇距离	7.44	3.92
	耕地面积	家庭实际经营耕地面积	14.98	13.60

（二）实证模型构建

根据前文分析，农户的风险态度可能会影响其多维贫困状态，农户的多维贫困是以农户风险态度作为因变量的函数，根据前文所测量的农户风险态度，以农户的风险厌恶系数和损失厌恶系数来衡量农户的风险态度，同时，加入可能影响农户多维贫困的控制变量进行分析。对于因变量农户多维贫困，根据第四章对农户多维贫困的测度，分别是农户陷入贫困的维度数和贫困剥夺得分来衡量，既能体现农户陷入贫困的广度，又能体现其多维贫困深度。

1. OLS 回归模型

以农户贫困剥夺得分为因变量时，采用多元线性回归（OLS）方法，因变量包括上文测得的农户风险态度，包括农户的风险厌恶系数和损失厌恶系数，同时加入控制变量进行分析。模型具体公式如下：

$$pov = \beta_0 + \beta_i attitude_i + \beta_j control_j + \varphi \qquad (8-10)$$

式（8-10）中，pov 表示贫困代理变量农户的多维贫困剥夺得分，即

第四章多维贫困测度方法中的 $c_i = \sum_{j=1}^m w_j g_{ij}$。农户的贫困剥夺得分越大，贫困程度越深。$attitude$ 为农户的个体风险态度，为核心解释变量，是根据上述实验方法测算得出的表 8-1 到表 8-3 中风险厌恶系数的平均值、表 8-3 中的风险厌恶系数及根据表 8-4 测得的损失厌恶系数，i 代表核心解释变量的个数。$control$ 代表控制变量，j 为控制变量的个数。β_i、β_j 分别为核心解释变量和控制变量的回归系数，β_0 为截距项，φ 为随机扰动项。

2. 泊松回归模型

以农户陷入贫困的维度数为因变量时，由于农户陷入贫困的维度数为 0～11 的非负整数，对于这一类计数数据，常使用泊松回归。因变量 Y 表示农户陷入贫困的维度数，服从期望为 u 的泊松分布，其表达式为：

$$P = \{Y = n \mid \mu\} = \frac{e^{-\mu}\mu^n}{n!} \qquad (8-11)$$

式 (8-11) 中，$E(Y) = Var(Y) = \mu$。n 表示农户陷入贫困的维度数 （0＜n≤11），同时假设 X_{hl} 表示 h 个自变量经过 l 次观察得到的观察值矩阵，引入连接函数 $\ln(\mu)$ 可得到 Poisson 回归模型：

$$\ln[E(Y \mid X)] = \ln(\mu) = X\alpha = \sum_h \alpha_h x_h \qquad (8-12)$$

式 (8-12) 中估计值 α_h 表示自变量 x_h 改变一个单位时 Y 的期望值变为原来的 $\exp(\alpha_h)$ 倍。自变量包括核心解释变量农户的风险态度以及控制变量。

具体而言，本章实证分析共分为 6 个模型，模型 1—模型 3 以农户陷入贫困的维度数为贫困代理变量，作为模型的被解释变量，使用泊松回归，模型 1 以表 8-1 至表 8-3 三个表测得的农户风险厌恶系数的平均值为核心解释变量，模型 2 以表 8-3 测得的农户风险厌恶系数为核心解释变量，模型 3 以表 8-4 测得的损失厌恶系数为核心解释变量。模型 4—模型 6 以农户贫困剥夺得分为贫困代理变量，作为模型的被解释变量，使用 OLS 进行回归，核心解释变量依次与模型 1 至模型 3 的核心解释变量一致。

五、连片贫困地区农户风险态度对多维贫困影响的实证结果分析

分别以农户陷入贫困的维度数及农户贫困剥夺得分为多维贫困代理变

量，分别以表8-1至表8-3三个表格计算所得的风险厌恶系数平均值、表8-3计算所得的风险厌恶系数以及根据表8-4计算所得的损失厌恶系数为核心解释变量，加入可能影响农户贫困状态的户主特征、家庭特征、地理特征及经营特征为控制变量，分别进行OLS回归和泊松回归，结果见表8-6。

（一）风险厌恶系数对多维贫困的影响分析

从模型1的回归结果可以看出，以表8-1到表8-3三个实验表格计算所得的平均风险厌恶系数对多维贫困的代理变量农户陷入贫困的维度数及贫困剥夺得分均有显著的正向影响，农户的风险厌恶系数每增加1个标准差，其陷入贫困的维度数增加0.135个维度，贫困剥夺得分增加0.069，说明农户的风险态度越趋向于风险厌恶，陷入贫困的维度数越多，贫困程度越深。

进一步利用实验表8-3测算所得的风险厌恶系数进行回归，农户的风险厌恶系数每增加1个标准差，其陷入贫困的维度数增加0.074个维度，贫困剥夺得分增加0.031，且均通过了5%以上的显著性检验，其影响趋势与利用三个实验表格所得风险厌恶系数的均值对多维贫困状态的影响趋势一致，说明了本研究结果具有较强的稳健性。

由此可以得出结论，农户越具有风险厌恶的特征，其多维贫困程度越深。反之，农户越具有风险偏好的特征，其越能够摆脱贫困，改善其生活状况。

表8-6　农户风险态度对其多维贫困的影响回归结果

被解释变量	农户陷入贫困维度数			农户贫困剥夺得分		
	泊松回归			OLS回归		
	模型1	模型2	模型3	模型4	模型5	模型6
解释变量						
表8-1、表8-2、表8-3计算所得风险厌恶系数均值	0.135*** (0.046)			0.069*** (0.013)		
表8-3计算所得风险厌恶系数		0.074** (0.035)			0.031** (0.010)	
损失厌恶系数			0.092* (0.049)			0.023 (0.017)

（续）

被解释变量	农户陷入贫困维度数			农户贫困剥夺得分		
	泊松回归			OLS 回归		
	模型 1	模型 2	模型 3	模型 4	模型 5	模型 6
控制变量						
户主性别	0.003	0.027	0.008	−0.018	−0.010	−0.026
	(0.163)	(0.164)	(0.165)	(0.051)	(0.055)	(0.056)
年龄	0.005	0.004	0.004	0.002	0.001	0.001
	(0.004)	(0.004)	(0.004)	(0.001)	(0.001)	(0.001)
户口教育年限	−0.039***	−0.039***	−0.038***	−0.015***	−0.015***	−0.016***
	(0.010)	(0.010)	(0.010)	(0.003)	(0.003)	(0.003)
家庭人口	−0.004	−0.014	−0.008	−0.013	−0.019*	−0.015
	(0.030)	(0.031)	(0.030)	(0.009)	(0.010)	(0.010)
劳动力人口	−0.069	−0.056	−0.050	−0.027*	−0.017	−0.015
	(0.045)	(0.045)	(0.046)	(0.014)	(0.014)	(0.015)
家庭抚养比	0.088	0.146	0.214*	0.076**	0.119***	0.148***
	(0.131)	(0.128)	(0.124)	(0.044)	(0.045)	(0.045)
离镇距离	0.004	0.008	0.009	0.000	0.002	0.003
	(0.011)	(0.011)	(0.011)	(0.003)	(0.003)	(0.004)
耕地面积	0.004	0.004	0.004	0.001	0.001	0.001
	(0.003)	(0.003)	(0.003)	(0.001)	(0.001)	(0.001)
截距项 C	1.525***	1.512***	1.320***	0.437***	0.434***	0.406***
	(0.328)	(0.328)	(0.347)	(0.100)	(0.106)	(0.113)
R^2	0.100	0.094	0.093	0.497	0.437	0.412

注：*、**、***表示在10%、5%和1%的水平上显著，括号内数据为回归标准误。

（二）损失厌恶系数对多维贫困的影响分析

将损失厌恶纳入模型中，回归结果见模型 3 和模型 6，可以看出农户的损失厌恶系数对农户陷入贫困的维度数有显著正向影响，农户的损失厌恶系数每增加 1 个标准差，农户陷入贫困的维度数增加 0.092，且通过了 10%的显著性检验，说明农户损失厌恶程度越高，陷入贫困的维度数越大。

但损失厌恶系数对农户贫困剥夺得分的影响不显著，可能的原因在于，对农户的损失厌恶的测度仅使用表 8-4 进行测度，其结果稳健性较农户风险厌恶系数对农户多维贫困状态的影响较差，而且，在实际的实验过程中，并未将农户在实验中损失的金额收回，可能导致对农户损失厌恶系数的计算偏差。

从总体结果看，农户越具有风险偏好倾向，越能够使其获得更好的生活状态，降低其陷入贫困的维度数及贫困的深度，农户的风险态度对其多维贫困有显著影响。

（三）其他控制变量对农户多维贫困的影响分析

在其他控制变量中，户主的性别、年龄对其多维贫困并无显著影响。而户主的教育年限对多维贫困影响显著，农户的教育年限越长，陷入多维贫困的可能性越低，说明教育对农户多维贫困减缓的重要性。家庭特征中，劳动力人口和家庭人口在模型 4 中对贫困剥夺得分有显著负向影响，说明家庭劳动力越多，其收入越高，并能显著减轻家庭多维贫困状态。家庭抚养比对多维贫困有显著的正向影响，说明农户家中的老人、学生比例越高，开支越大，增加了其陷入多维贫困的可能性。而农户所处的地理因素，离镇距离对贫困并无显著影响，可能的原因是由于近年来通信、信息的不断发达，农户能够接受的信息并不因地理因素而受较大影响，同时，农户已不再以土地为唯一的收入来源，而更多地以外出务工收入来改善其贫困状态，这在农户的经营特征中，耕地面积对农户多维贫困无显著影响的结果中也得到了支持。

六、本章小结

农户遭遇风险冲击会使其更加具有风险厌恶的特征，机会缺失的主要原因是农户不愿承担风险把握发展机会，其实质是农户风险态度的不同，由此，对农户风险态度进行科学测度，并探讨其对农户多维贫困的影响，具有重要意义。虽然不同的学者研究了农户风险态度与其财富及贫困状态的关系，但仍未得出一致的结论，而农户风险态度对其多维贫困状态影响的研究较鲜见。在我国新阶段精准扶贫战略实施的进程中，探讨风险态度对农户多维贫困状态的影响机理，能够为改善农户贫困状态，促进其可持续发展提供有益的理论及经验借鉴。首先，本章在借鉴多维贫困测度方法及 Holt - Laury 实验方法的基础上，对我国连片贫困地区的样本进行了实验，测度样本农户的风险厌恶及损失厌恶系数，并利用不同的计量模型探讨农户风险态度对其多维贫困的影响。其次，在农户多维贫困的影响因素分析中，分别选取了农户陷入贫困的维度数和农户贫困剥夺得分为多维贫困代理指标，克服了以往研究中仅以收入为贫困代理指标的缺陷和不足。本章的研究结论主要有以下几点。

一是从实验结果所得的农户风险厌恶系数和损失厌恶系数来看，总体上我国样本农户的风险态度呈现较小的风险厌恶特征，平均风险厌恶系数为 0.23，而表现出较高的损失厌恶，平均损失厌恶系数为 1.648。二是通过不同的计量模型对农户多维贫困状态的影响因素的回归分析发现，农户的风险厌恶系数与损失厌恶系数对多维贫困有显著的负向影响，即越具有风险偏好态度的农户，越能够显著降低其陷入多维贫困的维度数及贫困剥夺得分，有效改善其多维贫困状态，证明具有风险偏好态度的农户能够通过采用新技术、外出务工、参加移民搬迁等公共政策来摆脱贫困，这与 Brick 和 Visser (2015)、Vieider 等（2018）等学者的研究结论一致。同时，农户家庭的劳动力人数越多，越能够减轻其多维贫困，而农户家庭负担越重，其多维贫困程度越深。

根据上述研究结论，本书认为，要想长期改善农户的多维贫困状态，并在新阶段取得我国全面消除贫困及全面建成小康社会的胜利，以及促进农户未来可持续发展及保持精准扶贫取得的效果，应特别注重农户的风险态度在减贫战略中的重要作用，逐步改善农户的风险态度，使其在发展过程中能够把握一切可能改善自身生存状态的机会。风险与机会并存，把握机会必然需要承担风险，但如果一味保持原有状态，故步自封，则永远没有改变的可能。

当然，本章的实证研究仍有不足之处，一是由于实验过程需要实际支付给农户现金进行激励来得到更为精确的风险厌恶和损失厌恶系数，成本较高，最终获得了 163 份农户的风险偏好数据，样本量偏少。在以后的研究中将继续扩大实验范围，以获得更为广泛的数据支持。二是国外不同学者通过 Holt‐Laury 机制对农户行为决策的研究发现，农户的偏好不仅包括风险偏好，农户个体其他偏好特征如时间偏好、模糊偏好及社会偏好对农户的多维贫困均有不可忽视的影响 （Andreoni et al.，2015；Tanaka and Munro，2013；Ward and Singh，2015；Cardenas and Carpenter，2013；Chuang and Schechter，2015；Jordan et al.，2017），在未来的研究中将综合全面考虑农户的风险、时间、模糊及社会偏好，以期得到更为准确的结论。

第五篇 对策篇

第九章　主要研究结论与政策建议

一、主要研究结论

本书以可持续生计理论、贫困相关理论等理论体系为指导，将风险冲击与机会缺失纳入减贫理论的框架中，构建了基于风险与机会的减贫理论体系。在系统收集和整理国内外相关研究成果的基础上，对已有研究进行梳理和评述，并发现其中的不足，为本书的研究提供借鉴。基于对我国8个连片贫困地区的农户调研，获得了8个连片贫困地区，7省18县农户的调研数据1 922份，纳入风险与机会要素，运用多种计量模型及方法，对连片贫困地区样本农户的多维贫困状态进行了测度，并分析风险冲击与机会缺失通过农户生计资本中介变量对多维贫困的影响机理。

农户遭遇风险冲击会使其更加风险厌恶，机会缺失的实质是农户不愿承担风险把握能够改善其生计的发展机会，进而使其长期陷入贫困，即风险冲击会导致农户风险厌恶，机会缺失的实质是风险态度厌恶，由此，科学测度农户的风险态度，并探讨农户风险态度对其多维贫困的影响，具有重要的现实意义和学术价值。本书以期望效用函数理论和前景理论为基础，对农户的风险态度进行测度，并分析农户风险态度对其多维贫困的影响。最后针对上述实证研究结果，从风险管理、提供更多的发展机会、加强农户的生计资本及改善农户风险态度等方面提出了未来连片贫困地区农户减贫的对策建议。根据本书理论研究和实证分析的结果，本书的主要研究结论如下。

（1）风险冲击和机会缺失是农户多维贫困的重要原因

通过对国内外贫困问题的研究进行梳理发现，贫困的成因多认为制度、资本、环境是导致贫困的三个基本因素，忽视了风险和机会因素，本书明确将风险与机会纳入贫困的含义中，对贫困定义为缺乏抵御风险的能力及没有把握获得更好生活的机会，风险冲击是造成贫困的重要因素，机会缺失是脆弱群体无法摆脱贫困的重要阻碍，其实质是农户风险态度的不同。可持续生计理论为贫困问题提供了较为成熟的研究框架，本书在可持续生计理论框架的基础上，纳入风险与机会要素，构建了基于风险冲击与机会缺失的多维贫困分析框架。

（2）连片贫困地区贫困面广，贫困程度深

通过对我国农村的减贫阶段及减贫效果进行总结发现，我国减贫历程大致可分为六个阶段，在过去的减贫历程中，我国农村减贫取得了巨大成就，为我国及世界减贫事业作出了巨大贡献，但由于连片贫困地区农户脆弱性极强，面临着更为严重的风险冲击及机会缺失，成为未来减贫战略中的重点和难点。

通过对我国 8 个连片贫困地区 1 922 户农户的问卷调查，发现连片贫困地区农户收入极低、生产生活条件差、家庭资产贫乏、劳动能力不足，且文化程度整体低下，减贫过程中普遍存在的问题有抗风险能力弱、发展机会不足、种植业收益低、外出务工困难、教育负担较重、产业发展缓慢、自然条件恶劣等。

（3）收入低下和生活水平差是连片贫困地区农户多维贫困的主要表现

多维贫困指数测度能够综合反映农户的贫困状态，对其测度多以健康、教育和生活水平三个维度为基础，根据所研究问题进行不同的扩展。借鉴较为成熟的 AF 多维贫困测度方法，考虑到收入对农户减贫的重要作用，在健康、教育和生活水平三个维度的基础上，加入收入维度，对我国连片贫困地区农户的多维贫困进行测度。结果显示。卫生设施、收入和耐用品维度贫困发生率排前三位，分别为 92.61%、60.15% 和 53.49%，农户收入的微薄、人居环境和卫生设施的落后、日用家电和交通工具的缺乏成为其多维贫困的重要原因。

以农户陷入贫困的维度数 $k=3$ 为临界值时，全部样本的多维贫困发生率为 70%，贫困面较广，以 $k=7$ 为临界值时，最贫困的农户贫困剥夺得分为 0.633，贫困程度很深。以农户剥夺得分 $r=0.3$ 为多维贫困临界值时，全部样本的多维贫困发生率为 58.6%，以 $r=0.7$ 为临界值时，平均剥夺得分为 0.748。以不同维度对农户的多维贫困进行分解，发现一级维度中，生活水平维度对多维贫困的贡献率最高，达 64.42%，其次为收入维度，为 20.83%，教育和健康维度对多维贫困的贡献率已较小。

（4）农户遭遇风险冲击通过生计资本加剧多维贫困

由于连片贫困地区多为生态脆弱地区，加之农户自身脆弱的生计资本，更容易受到各种自然灾害及经济风险的冲击，而且极度缺乏促进其发展的外部机会，成为贫困农户减贫过程中的重要阻碍。通过分析发现，农户遭遇的大病医疗等意外事件、养老风险等成为农户遭遇频度最高的风险，遭遇风险后的损失金额也最大。

以可持续生计理论为指导，将风险与机会纳入可持续生计分析框架中，探讨风险冲击通过生计资本中介变量对农户多维贫困状态的影响。构建适用于连片贫困地区农户生计资本的测度指标体系，采用熵值法确定不同生计资本指标的权重，计算得出连片贫困地区农户的各生计资本值，结果表明，连片贫困地区农户的五项生计资本均处于一个非常低的水平，资本存量最高的为物质资本，后续发展能力极弱。

构建基于形成型指标的结构方程模型，分析农户遭遇的风险冲击通过生计资本中介变量对多维贫困的影响机理。计量分析结果表明，农户遭遇的风险对除自然资本以外的生计资本均有负向影响，风险对农户的物质资本影响最大，其次是金融资本，而且遭遇的风险会显著加剧农户的多维贫困，风险每增加 1 个标准差，农户的贫困剥夺得分会增加 0.226 个标准差，农户遭遇风险冲击会显著加剧其多维贫困。

（5）农户能够获得的机会通过生计资本显著减缓多维贫困

本书将农户能够获得的发展机会分为信息机会、培训机会、金融机会和政策机会四类，通过分析发现，除获得信息机会的农户比例在 50% 以上外，能够获得培训机会、金融机会和政策机会的农户比例均在 50% 以下，农户能够获得的发展机会贫乏。同时能够获得上述四种机会的农户不到 15%，机会缺失成为导致其贫困的重要因素。

同样构建基于形成型指标的结构方程模型，分析农户能够获得的发展机会通过生计资本中介变量对多维贫困的影响机理。研究结果发现，农户能够获得的发展机会对除自然资本以外的生计资本均有显著改善作用，对人力资本和金融资本的提升作用最大，而且能够获得的发展机会通过生计资本的提升而改善多维贫困状态，机会每增加 1 个标准差，农户的贫困剥夺得分下降0.124 个标准差，能够获得的发展机会可以显著减缓多维贫困。

（6）风险偏好农户更容易摆脱多维贫困

借鉴 Holt‐Laury 实验方法，选取连片贫困地区 163 户农户进行风险态度测度实验，计算样本农户的风险厌恶系数和损失厌恶系数，利用不同计量经济模型探讨了农户风险态度及多维贫困的影响因素。从实验结果所得的农户风险厌恶系数和损失厌恶系数来看，总体上我国农户的风险态度呈较小的风险厌恶，平均风险厌恶系数为 0.23，而表现出较高的损失厌恶，平均损失厌恶系数为 1.648。

通过不同的计量模型分析农户风险厌恶系数和损失厌恶系数对其多维贫困状态影响，发现农户的风险厌恶系数与损失厌恶系数对多维贫困有显著的负向影响，即越具有风险偏好态度的农户，越能够显著降低其陷入多维贫困的维度数及贫困剥夺得分，有效改善其多维贫困状态，结果表明，风险态度是农户多维贫困的重要影响因素，越具有风险偏好特征的农户，越能够通过采用新技术、参加公共政策进行高投资、高收益的生产活动，进而摆脱多维贫困。

二、政策建议

（一）完善连片贫困地区农户风险管理体系

1. 提升农户风险管理意识和行为

根据本书研究结论，农户遭遇的风险冲击是导致其多维贫困的重要原因，由此，首先应该提升农户的风险管理意识和行为，从源头防止风险冲击对其造成的损失。一是积极提升贫困农户抗风险意识，对于自然风险，鼓励贫困农户参保农业保险，降低由于自然风险带来的损失，同时，要提高农业保险的赔偿标准，严格按照理赔标准和条款对遭遇自然风险带来损失的农户进行及时赔偿。针对诸如大病医疗、养老风险等，通过对保险知识的宣传和普及，鼓励农户在经济条件允许的情况下，参加除养老和医疗保险之外的农业保险、商业保险，以提升其遭遇风险后的应对能力。引导农户采取多样化种植或多元兼业经营，根据家庭情况和自然条件，分散经营，即使某一领域发生风险冲击，仍能够通过另一领域来弥补。鼓励农户加入农业合作社，实现标准化生产和规模经营，统一购买生产资料和销售，实现风险分担，即使在遭遇自然风险后，合作社依然能够保障农户的最低收益。

二是加强宣传，使贫困地区农户接受更多知识信息，增强风险认知和防范能力，如查询天气预报，自行防范可能由自然灾害导致的风险。对于市场价格变动等风险，需及时关注农畜产品市场价格变化趋势，收集农畜产品和农牧生产资料的价格信息，对农畜产品价格进行预测，并根据价格变化调整生产结构，保障农畜产品能够以较高的价格出售。通过奖励等方式鼓励农户参加各种农业技术、风险管理方面的培训，使农户能够学会使用网络查询关于农业经营的信息，了解市场行情，有效规避风险。

2. 不断丰富农户风险应对策略

第四章的分析表明，连片贫困地区农户在遭遇不可避免的风险后，其应对策略极弱，主要依靠近亲进行借贷应对风险所带来的损失。由此，应不断丰富农户的社会关系，能够使其在遭遇风险后多渠道进行风险应对，降低风险冲击造成的损失，避免风险冲击造成的贫困或返贫。首先应加强集体对农户遭遇风险后的帮扶力度，建议成立风险应急基金，或建立村民风险互助体系，在农户遭遇风险后可由集体无息借款帮助其渡过难关。其次，加大不同金融机构对农户的扶持力度，降低贫困农户贷款的难度，对遭遇风险的农户进行贴息贷款，简化贷款程序，降低担保人及抵押的要求，使农户能够在遭遇风险后获得恢复生计的贷款。

再次，加强农业生产和外出务工技术的培训。贫困地区由于自然条件恶劣，耕地面积普遍较少，存在大量的剩余劳动力，但由于其文化素质低下，就业渠道狭窄，外出务工困难，工资低下。因此，应通过职业培训、劳务输出等多种形式对贫困地区农户进行帮扶，强化其外出务工技能，使贫困农户生计多样化，不断增加贫困农户劳动收入，有效抵御风险冲击。

3. 建立综合风险规避政策体系避免风险冲击

农户个体应对风险的能力较弱，仍需要政府和其他外部力量介入，建立综合完善的风险规避体系，以避免脆弱农户遭遇风险冲击而致贫。一是整合农村扶贫、补贴及保障等政策，建立实施向贫困人口倾斜的补贴、医疗、教育、养老等一篮子政策。根据第六章的研究结论，连片贫困地区农户面临的风险冲击主要为大病医疗及养老风险、子女教育风险等，由此，应首先加大农村合作医疗及养老保险的补贴力度，降低贫困农户的分担额度，保证贫困农户均能够加入合作医疗，并能够享受到较好的医疗，减少大病医疗对家庭带来的冲击。尤其是针对老龄、失业、残疾及处于最低生活保障线以下的特困群体，应由政府兜底，对其医疗费用进行减免，保障其最低医疗需求。其次，加大对贫困地区农村教育的投资和补贴力度，确保贫困家庭能够就近获得较为完善的教育，减少就学成本，继续落实义务教育，在贫困地区首先试点将义务教育从幼儿园阶段延长至高中阶段，保障贫困家庭不会因为家庭困难而使子女辍学。同时，大力开展多种形式的职业教育，提升成人的文化水平和职业技能，提高贫困地区农户的整体素质。逐步加大对贫困地区老龄群体的养老保险发放金额，避免由养老带来的家庭贫困。

二是优化农业保险机制，出台优惠政策鼓励商业银行投入农业保险，加大信贷担保体系，支持发展农业保险，有效降低农村信贷风险，明确界定遭受灾害后赔付比例和标准，保障农户遭遇自然灾害风险后恢复生产能力。可探索建立以合作保险为主的农业保险体系，采取农民合作经营加层层再保险的联网形式，以利于保险的推广和普及。对主要和大规模种植的农作物可实行强制保险，对小规模及次农作物通过宣传、动员、示范等方式鼓励农户自愿参加保险，同时，加大政府对农业保险的补贴力度，尽量减轻农户的负担。农户不愿参加农业保险的一个核心原因在于，在遭遇诸如自然灾害的风险冲击后，保险公司的判赔标准不明确，往往得不到相应的赔偿甚至保险公司拒绝赔付，导致农户参加农业保险的积极性受挫。政府应加强对保险公司的监管，严格按照相应的标准，对农户遭遇风险后损失的金额进行快速赔付，使农户在遭受冲击后尽快恢复生产。

三是完善贫困地区风险预警机制，帮助农户及时规避气候恶化、旱涝灾害、地质灾害等自然灾害风险。进一步完善农村保障体系，织密农村社会保障安全网，使贫困农户在医疗、就业、养老等方面能够享有基本保障，尽量避免遭遇风险冲击。在遭遇无法避免的自然灾害后，及时开展有效的灾害救济活动，将灾害带来的损失和影响降至最低，如向受风险冲击的农户发放救济款，提供优惠或补贴等，保障贫困农户的基本需求和维持再生产的需要。

4. 继续实施移民搬迁远离风险

移民搬迁是连片贫困地区农户远离自然灾害和风险，并获得更多发展机会、长期脱贫最为有效的方式。由此，对生态极度脆弱、自然灾害多发、严重威胁居民生命和财产安全的深度贫困地区，应不断有序实施移民搬迁工程，使农户彻底摆脱贫困。如在陕西南部，政府为使生态环境恶劣、自然灾害频发的偏远地区农户远离风险冲击，实施了规模浩大的避灾减贫工程，现已使 110 多万人从生态环境恶劣地区搬迁至集中安置区，逐步摆脱了贫困。

在扶贫搬迁过程中，对于老弱病残、家庭无主要劳动力的赤贫农户，政府应为其修建最低生活保障的移民住房，进行兜底。对已经搬迁的农户，提供培训、就业等外部机会，培育其后续发展能力，尽快使其获得替代生计，不仅实现搬得出，而且能致富的目标。尽快培育和发展地方产业，特别是在移民搬迁集中安置区，使移民搬迁农户能够就近就业，快速实现全面脱贫。完善移民搬迁集中安置区配套设施，如小学、幼儿园、养老院、社区医院等，使搬迁农户不仅能够提升居住条件，而且能够享受到相应的配套设施，适应并融入新的社区生活，杜绝农户返迁等现象。同时，不断完善移民社会保障制度，将移民住房安置、生活补贴、就业扶持、合作医疗及养老保险等各项政策落到实处，使农户真正能够享受到城市社区的社会保障服务。

（二）为贫困农户提供更多发展机会

根据第七章的研究结论，农户发展机会的缺失是造成其贫困的重要原因，由此，应通过外部介入，为贫困农户尽可能提供更多的发展机会，以促进其摆脱贫困。

1. 多渠道多层次提供信息机会

通过互联网、手机终端为贫困地区农户提供更多的信息，如自然灾害防范、农产品价格、技能及外出务工的信息，使农户能够掌握更多的信息，获取更多发展的机会。形成以农户为导向的多元信息服务系统，依据农户的不同需求提供不同的信息，如针对以种植为主的农户，优先满足其对大量生产信息的需要，同时，激发和培育更多如农产品价格、销售等方面的信息；对养殖型农户提供文化知识和市场、技术等方面的信息，同时提升其对信息需求的层次。强化基层组织在信息传播中的重要作用，尤其是发挥农村社区中的能人、经纪人、农民专业合作社等组织的作用，将人际传播、大众媒体和信息服务机构等信息传播形式有机结合，形成信息服务链，为农户提供全方位的信息，使其能从信息中获得发展机会。利用新的科技手段，使农户通过科技互联，如通过建立村级网络群（QQ群、微信群等），让农户能够通过新兴的科技事物获得更多的务工、科技等帮助其发展的机会和信息。

2. 对深度贫困群体提供政策机会

连片贫困地区农户生计资本极度缺乏，在现阶段仍需政府通过各种政策进行支持。继续加大对深度连片贫困地区的政策扶持，帮助农户改善其基本的交通、医疗及教育设施，让连片贫困地区农户能够尽量获得与发达地区相当的发展机会。巩固近年精准扶贫的成果，贫困农户的识别再精准，为确实需要政策扶持的农户提供资金、物质上的支持，帮助其发展脱贫。当然为农户提供政策机会不仅仅为其提供实物和金钱上的帮助，而是要想办法为其创造发展的机会，如提供幼小牲畜，帮助其不断发展畜牧养殖业，最终能够靠自己的力量不断发展，即使没有政策扶持也不会返贫。为贫困农户提供政策机会，最终要"授之以渔"，而不仅是"授之以鱼"。对于确实缺乏发展能力的极贫农户，仍需要政府加大社会保障力度，通过不断完善养老保险、合作医疗、最低生活保障制度等，为这一部分农户提供生活保障的政策机会，确保其能够脱贫。

3. 深化改革创新增多金融机会

继续深化改革农村信用社、农业银行等金融机构，扩大和丰富针对贫困地区农户发展的借贷业务，使贫困地区农户能够顺利从金融机构获得其发展需求的资金。为贫困农户提供一定金额的免担保抵押、政府贴息的优惠贷款，降低贫困农户的融资成本。建立和完善涉农贷款风险补偿机制，使各类金融机构积极进入农村市场。引导贷款农户用土地承包经营权、宅基地使用权为抵押进行担保贷款，鼓励村社干部、公职人员及精准扶贫对口干部为贫困农户贷款进行担保，创新发展农户多人联保等多种方式担保，解决贫困农户贷款难的问题，使贫困农户能够获得更多的金融机会。不断完善贫困农户的信用体系建设，使农户能够通过自身的良好信用担保即可进行借贷，一方面解决了农户贷款难的问题，另一方面也激发了农户利用贷款自主脱贫的动力，同时保障了金融机构的利益。

4. 提供更多有效实用培训机会

为连片贫困地区农户提供更多的培训和就业机会，在培训内容设计上，以市场和就业需求为导向，实现市场需求与贫困农户的就业愿望有效对接，在附近的特色产业发展基地中，优先选用贫困农户务工。创新培训方式，探索丰富的培训方式，保证文化水平较低的农户能够学有所得，学有所用。同时，做好就业衔接工作，促进贫困农户参加培训和转移就业之间的无缝衔接，形成培训、鉴定、输转一条龙和一体化的模式，根据贫困地区农户建档立卡信息系统，对贫困农户参加的培训和技能掌握情况进行跟踪登记，对参加培训后的职业技能进行分级鉴定，对掌握就业技能的农户优先推荐就业，最终实现培训一人、鉴定一人、就业一人的目标，提高培训的针对性和实效性。

（三）提升贫困农户生计资本及可持续发展能力

根据第六、七章的研究结论，连片贫困地区农户的生计资本存量极小，可持续发展能力屡弱，故在减贫战略实施过程中，要注重农户生计资本的提升，使其能够长期持续脱贫。

1. 加快人力资本改造促进发展

加大农业技术推广，加强农业科技教育，实施新型职业农民培育工程，完善农村剩余人口的教育培训，切实增强培训针对性、实用性，不断提升农村人力资源水平，提升贫困地区农户的整体文化素质和职业技能。不断优化农村创业创新环境，鼓励年轻人回乡创业，提供一定的优惠政策及创业指标，吸引有能力的年轻人为农村发展注入新的血液。

不断完善教育扶贫政策。针对不同阶段的农村贫困家庭子女的教育，制定针对性的教育扶贫政策。在农村贫困家庭比较集中的村，继续保持基础设施完善的幼儿园和小学，适当延长幼儿园放学时间，使其家长能够就近就业。结合移民安置政策，将空置安置房进行合理流转租住，对初中及高中学生就学需要租住房屋的家庭降低租房费用，同时在学校周边补贴设置学生就餐地点。为陪读学生家长提供就业岗位，使其能够陪读学生的同时获得收入。合理布局贫困地区农村中小学校，改善基本办学条件，加快标准化建设，普及高中阶段教育，率先对建档立卡的家庭经济困难学生实施普通高中免除学杂费、中等职业教育免除学杂费，使农户能够通过子女教育提升家庭可持续发展能力，阻断贫困的代际传递。

2. 转换自然资本实现经济增长

由于连片贫困地区农户拥有的耕地少、质量差，绝大多数农户仅依靠贫乏的自然资本满足自身的温饱，而无法将其作为增加收入的资产，应逐步通过土地流转等措施，将农户分散的土地集中到种田大户或合作组织，对土地质量进行改造，集中规模经营，提升耕地的产出，农户获得出租土地的收入或通过合作社进行务工获得收入。因地制宜研究适合当地气候、生态条件的作物，由粗放型种植转变为精细化种植，发展特色、高附加值的农产品，在有限的自然资本条件下提升农户的收入。

以乡村振兴战略的实施为契机，在具有开发旅游潜力的地区，应逐步实施移民搬迁，将原有耕地进行退耕，开发一二三产融合发展的具有地域特色的生态旅游业，改变原有自然资本的用途，将原有的资源弱势转化为产业优势，创造新的经济增长点，不仅能够保护生态，而且使农户顺利实现生计转换，通过从事生态旅游业而增加收入。

3. 创新金融资本获得发展资金

一是创新小额贷款机制，加大对贫困农户贷款的补贴力度，使贫困农户能够较为容易地获得发展的资本，创新小额贷款机制，可由需要贷款的多个贫困农户进行捆绑担保，相互督促，既能保证贫困农户能够获得贷款，又能保证其按时还款。同时，应大力发展金融扶贫，积极探索扶贫资金资本化的创新模式，使扶贫资金得到最大化的使用。以贵州省铜仁市印江县为例，该县将龙头企业、种养殖大户及贫困农户联动起来，实现扶贫资金创新发展模式，通过贫困农户入股，种养殖大户集中规模养殖，龙头企业承担市场风险来促进该县贫困人口脱贫及相关特色产业发展。

二是有效使用扶贫资金，加强扶贫资金的监管，使有限的扶贫资金有效使用到扶贫工作中。各级部门应加强协调，通力合作，为贫困地区谋划合理的扶贫项目，使扶贫项目真正能够带动贫困农户摆脱贫困，利用有限的扶贫资金撬动社会资本，使更多的社会资本投入到扶贫工作中。我国扶贫工作应通过职位晋升等措施鼓励当地政府相关扶贫部门大胆创新，如将扶贫资金资本化，"授人以鱼不如授人以渔"，将扶贫资金直接补贴给农户不如用于改善当地交通条件，发展特色产业，入股经营等。在放活政策实施空间，鼓励创新的同时，需要加强对扶贫资金的监管，防止扶贫资金滥用等现象的发生。鼓励和引导农户对扶贫资金有效利用，扩大经营或寻找有效的发展机会，寻求长期的脱贫方式，使有限的贫困资金达到最佳的效益。政府传统的"关怀式"扶贫方式应该向"发展式"转变，使扶贫资金能够真正起到应有的作用。

4. 盘活物质资本增加农户收入

连片贫困地区农户物质资本缺乏，其拥有的最大物质资本即承包土地经营权和住房财产权，我国于 2015 年颁发了关于开展农村承包土地的经营权和农民住房财产权抵押贷款试点的指导意见，以促进农村金融改革和创新，有效盘活农村资源和资产，但该指导意见实施以来，仅有极少数地区进行试点并切实执行，并未起到预期的作用，尤其是连片贫困地区，农户所拥有的土地经营权和住房财产权价值不高，在实际中能够将其进行抵押贷款的较少。

继续实施农村房屋产权、土地确权及土地证的发放，使农户有归属感和财产拥有感，不断扩大土地经营权和住房财产权抵押贷款的试点地区，并切实贯彻执行，使连片贫困地区农户能够使用土地证、房屋产权证抵押贷款，能够通过拥有的物质资本获得继续发展的资本。同时，结合我国目前大力实施的精准扶贫战略，鼓励农户进行家庭养殖，比如为农户提供初始养殖资金或牲畜，使其不断扩大养殖规模而提高收入。但仍要加强监管，避免贫困家庭为了获得即得利益，将补助的牲畜出售或食用。

5. 加强社会资本挖掘发展机遇

目前农户之间的交流沟通与社会资本的获得多通过婚丧嫁娶、节日、集市赶集等非正式活动，而村级组织是联结不同农户最近和最紧密的组织，由此，应建立有针对性的各类服务组织，完善社区服务体系，将农户纳入各类组织中，增加农户间的相互联系和沟通。村级组织在农户的生产生活过程中起着最为重要的承上启下的作用，通过依托村级组织，建立互助资金合作社、农业合作经济组织等，将农户纳入不同的组织形式中，可有效促进农户之间的交流、互助和合作，增强其交往网络。同时，在各类村级项目实施过程中保障农户的参与权利，使农户能够通过更多地参与公共事务的管理以及发表个人意见，保障其知情权和决策权，提升其参与感，能够有效增进农户之间的交流和沟通，提升其社会资本。

同时，注重外部社会资本的输入，外部社会资本能使农户更为迅速地获得优质的社会资本，借助目前精准扶贫实施过程中"三支一扶"、大学生村官等项目，继续鼓励优秀人才服务贫困地区，为贫困地区农户传递更多的信息和机会，诸如定点帮扶等形式，其本身就能够扩大农户的社会资本网络。充分发挥市场作用，为贫困地区引进更多的项目和人才，使农户融入产业发展中，不断提升其社会资本，依托更广泛的社会关系，获得更多的发展机会，以摆脱贫困。

（四）逐步转变贫困农户风险态度把握机会促进发展

根据本书的理论分析和第八章的实证分析，连片贫困地区农户具有风险厌恶的特征，越具有风险偏好倾向的农户，越能够进行高投资、高回报的生产经营或生计活动，把握能够促进其发展的一切机会，进而摆脱贫困。由此，转变农户的风险态度，使其能够主动把握机会，是未来农户减贫战略的核心。

首先应提升农户的风险偏好意识。由于连片贫困地区农户的风险规避机制严重缺乏，使农户的风险规避性较高，应不断完善社会保障程度，减弱农户的风险规避程度，如增加养老保险金额、普及农业保险，解决农户的后顾之忧，降低农户的风险规避意识。鼓励农户参保除养老保险以外的人身及财产保险，丰富农户的风险应对策略，提高农户的风险防范意识。

对农户风险意识的改变，核心是使农户摆脱"等靠要"的思想，要主动尝试把握自我发展的机会，由输血式的被动扶贫转变为造血式的主动脱贫，培养其尝试风险的能力和意识，风险与机会并存，要获得更多的收益，必然要承担一定的风险，培养其风险承担的能力与把握发展机会的意识，使其能够把握一切能够改变自身生存状态的机会。同时，我国在减贫战略实施过程中实施了一系列公共政策，如移民搬迁、退耕还林，新技术推广等，通过对参与公共政策农户生活状态改变的展示，使风险规避者不断参与到公共政策中并摆脱贫困。

　　根据第八章的研究结论，风险厌恶的农户相比风险偏好的农户更不愿意采用新技术、接受新事物，更容易陷入多维贫困，由此，应为农户提供更多的信息及接触外界的机会，使农户能够接受更多的信息，开阔眼界，提升其风险偏好，另外，结合第五、第六章的研究结论，不断提升农户家庭的生计资本，改善贫困状态，形成风险偏好→把握机会→改善生计→摆脱贫困→风险偏好的良性循环，跳出由风险厌恶带来的恶性贫困循环陷阱。

REFERENCES 参考文献

蔡昉，2017. 中国发展经验的世界意义 [J]. 经济研究 (11)：4-6.

陈传波，丁士军，2003. 对农户风险及其处理策略的分析 [J]. 中国农村经济 (11)：66-71.

陈传波，2005. 农户风险与脆弱性：一个分析框架及贫困地区的经验 [J]. 农业经济问题 (8)：47-50.

陈飞，卢建词，2014. 收入增长与分配结构扭曲的农村减贫效应研究 [J]. 经济研究 (2)：101-114.

陈风波，陈传波，丁士军，2005. 中国南方农户的干旱风险及其处理策略 [J]. 中国农村经济 (6)：61-67.

陈立中，2009. 收入增长和分配对我国农村减贫的影响—方法、特征与证据 [J]. 经济学 (季刊)，8 (2)：711-726.

陈宗胜，沈扬扬，周云波，2013. 中国农村贫困状况的绝对与相对变动——兼论相对贫困线的设定 [J]. 管理世界 (1)：67-77.

程静，刘飞，陶建平，2018. 风险认知、风险管理与农险需求——基于行为金融视角的实证研究 [J]. 南京农业大学学报 (社会科学版) (3)：133-141.

程名望，Yanhong Jin，盖庆恩，等，2014. 农村减贫：应该更关注教育还是健康？——基于收入增长和差距缩小双重视角的实证 [J]. 经济研究 (11)：130-144.

程名望，史清华，徐剑侠，2006. 中国农村劳动力转移动因与障碍的一种解释 [J]. 经济研究 (4)：68-78.

程漱兰，陈焱，2001. 与贫困作斗争：机遇、赋权和安全保障——《2000/2001 年世界发展报告》评介 [J]. 管理世界 (6)：210-212.

仇焕广，栾昊，李瑾，等，2014. 风险规避对农户化肥过量施用行为的影响 [J]. 中国农村经济 (3)：85-96.

仇叶，2018. 从配额走向认证：农村贫困人口瞄准偏差及其制度矫正 [J]. 公共管理学报，15 (1)：122-134，159.

崔治文，徐芳，李昊源，2015. 农户多维贫困及致贫机理研究——以甘肃省 840 份农户

为例 [J]. 中国农业资源与区划, 36 (3): 91 - 97.

单德朋, 王英, 2017. 金融可得性、经济机会与贫困减缓——基于四川集中连片特困地区扶贫统计监测县级门限面板模型的实证分析 [J]. 财贸研究 (4): 50 - 60.

丁军, 陈标平, 2010. 新中国农村反贫困的制度变迁与前景展望 [J]. 农业经济问题 (2): 52 - 57.

丁士军, 陈传波, 2001. 农户风险处理策略分析 [J]. 农业现代化研究 (6): 346 - 349.

丁士军, 张银银, 马志雄, 2016. 被征地农户生计能力变化研究——基于可持续生计框架的改进 [J]. 农业经济问题 (6): 25 - 34.

东梅, 2006. 生态移民与农民收入——基于宁夏红寺堡移民开发区的实证分析 [J]. 中国农村经济 (3): 48 - 52.

都阳, Park Albert, 2007. 中国的城市贫困: 社会救助及其效应 [J]. 经济研究 (12): 24 - 33.

都阳, 蔡昉, 2005. 中国农村贫困性质的变化与扶贫战略调整 [J]. 中国农村观察 (5): 2 - 9.

冯伟林, 李树苗, 李聪, 2016. 生态移民经济恢复中的人力资本与社会资本失灵——基于对陕南生态移民的调查 [J]. 人口与经济 (1): 98 - 107.

高帅, 毕洁颖, 2016. 农村人口动态多维贫困: 状态持续与转变 [J]. 中国人口·资源与环境, 26 (2): 76 - 83.

高延雷, 刘尧, 王志刚, 2017. 风险认知对农户参保行为的影响分析——基于安徽省阜阳市 195 份问卷调查 [J]. 农林经济管理学报 (6): 731 - 738.

葛根高娃, 乌云巴图, 2003. 内蒙古牧区生态移民的概念、问题与对策 [J]. 内蒙古社会科学 (汉文版), 24 (2): 118 - 122.

郭红东, 丁高洁, 2012. 社会资本、先验知识与农民创业机会识别 [J]. 华南农业大学学报 (社会科学版) (3): 78 - 85.

郭红东, 丁高洁, 2013. 关系网络、机会创新性与农民创业绩效 [J]. 中国农村经济 (8): 78 - 87.

郭建宇, 吴国宝, 2012. 基于不同指标及权重选择的多维贫困测量——以山西省贫困县为例 [J]. 中国农村经济 (2): 12 - 20.

郭熙保, 罗知, 2005. 论贫困概念的演进 [J]. 江西社会科学 (11): 38 - 43.

郭熙保, 周强, 2016. 长期多维贫困、不平等与致贫因素 [J]. 经济研究 (6): 143 - 156.

郭熙保, 2005. 论贫困概念的内涵 [J]. 山东社会科学 (12): 49 - 54.

国家统计局农村社会经济调查总队, 2016. 中国农村贫困监测报告 [M]. 北京: 中国统计出版社.

韩峥，2004. 脆弱性与农村贫困 [J]. 农业经济问题 (10)：8-12.

郝文渊，杨东升，张杰，等，2014. 农牧民可持续生计资本与生计策略关系研究——以西藏林芝地区为例 [J]. 干旱区资源与环境 (10)：37-41.

何仁伟，李光勤，刘运伟，等，2017. 基于可持续生计的精准扶贫分析方法及应用研究——以四川凉山彝族自治州为例 [J]. 地理科学进展，36 (2)：182-192.

贺雪峰，2017. 中国农村反贫困问题研究：类型、误区及对策 [J]. 社会科学 (4)：57-63.

侯麟科，仇焕广，白军飞，等，2014. 农户风险偏好对农业生产要素投入的影响——以农户玉米品种选择为例 [J]. 农业技术经济 (5)：21-29.

胡鞍钢，李春波，2001. 新世纪的新贫困：知识贫困 [J]. 中国社会科学 (3)：70-81.

胡鞍钢，2012. 欠发达地区如何加快发展与协调发展：以甘肃为例（上）[J]. 开发研究，2004 (3)：1-4.

胡宜挺，蒲佐毅，2011. 新疆种植业农户风险态度及影响因素分析 [J]. 石河子大学学报（哲学社会科学版）(3)：1-6.

黄承伟，王小林，徐丽萍，2010. 贫困脆弱性：概念框架和测量方法 [J]. 农业技术经济 (8)：4-11.

黄江泉，2013. 农民脱贫：能力与机会双重缺失下的社会资本培育研究 [J]. 求实 (12)：109-111.

黄英君，2013. 社会风险管理：框架、风险评估与工具运用 [J]. 管理世界 (9)：176-177.

纪月清，刘迎霞，钟甫宁，2010. 家庭难以搬迁下的中国农村劳动力迁移 [J]. 农业技术经济 (11)：4-12.

蒋凯峰，2009. 我国农村贫困、收入分配和反贫困政策研究. [D]. 武汉：华中科技大学.

蒋远胜，Joachim Von Braun，2005. 中国西部农户的疾病成本及其应对策略分析——基于一个四川省样本的经验研究 [J]. 中国农村经济 (11)：33-39.

康晓光，1995. 中国贫困与反贫困理论 [M]. 南宁：广西人民出版社.

匡远配，2006. 中国扶贫政策和机制的创新研究综述 [J]. 前进，26 (1)：24-28.

黎洁，李亚莉，邰秀军，等，2009. 可持续生计分析框架下西部贫困退耕山区农户生计状况分析 [J]. 中国农村观察 (5)：29-38.

黎洁，2016. 陕西安康移民搬迁农户的生计适应策略与适应力感知 [J]. 中国人口·资源与环境 (9)：44-52.

李聪，李树苗，费尔德曼，等，2010. 劳动力迁移对西部贫困山区农户生计资本的影响

[J]. 人口与经济 (6)：20 - 26.

李聪，柳玮，冯伟林，等，2013. 移民搬迁对农户生计策略的影响——基于陕南安康地区的调查 [J]. 中国农村观察 (6)：31 - 44.

李鹤，张平宇，程叶青，2008. 脆弱性的概念及其评价方法 [J]. 地理科学进展 (2)：18 - 25.

李建平，邓翔，2012. 我国劳动力迁移的动因和政策影响分析 [J]. 经济学家 (10)：58 - 64.

李俊杰，李海鹏，2013. 民族地区农户多维贫困测量与扶贫政策创新研究——以湖北省长阳土家族自治县为例 [J]. 中南民族大学学报 (人文社会科学版)，33 (3)：127 - 132.

李茜，姬军红，2007. 丘陵山区农民可持续性生计需求的实证分析——基于山西省西北四县农民的调查 [J]. 农业经济问题，28 (5)：73 - 79.

李实，Knight John，2002. 中国城市中的三种贫困类型 [J]. 经济研究 (10)：47 - 58.

李树苗，梁义成，FELDMAN MARCUS W.，等，2010. 退耕还林政策对农户生计的影响研究——基于家庭结构视角的可持续生计分析 [J]. 公共管理学报，7 (2)：1 - 10.

李小云，董强，饶小龙，等，2007. 农户脆弱性分析方法及其本土化应用 [J]. 中国农村经济 (4)：32 - 39.

李小云，李周，唐丽霞，等，2005. 参与式贫困指数的开发与验证 [J]. 中国农村经济 (5)：39 - 46.

李小云，叶敬忠，张雪梅，等，2004. 中国农村贫困状况报告 [J]. 中国农业大学学报 (社会科学版) (1)：1 - 8.

李小云，于乐荣，齐顾波，2010. 2000～2008 年中国经济增长对贫困减少的作用：一个全国和分区域的实证分析 [J]. 中国农村经济 (4)：4 - 11.

李小云，张雪梅，唐丽霞，2005. 当前中国农村的贫困问题 [J]. 中国农业大学学报，10 (4)：67 - 74.

李昭楠，刘七军，2015. 民族生态脆弱区慢性贫困问题实证研究——基于农户的视角 [J]. 北方民族大学学报 (4)：102 - 106.

李哲，陈玉萍，丁士军，2008. 贫困地区农户大病风险及其处理策略研究 (一) [J]. 生态经济 (6)：32 - 34.

林伯强，2003. 中国的经济增长、贫困减少与政策选择 [J]. 经济研究 (12)：15 - 25.

林伯强，2005. 中国的政府公共支出与减贫政策 [J]. 经济研究 (1)：27 - 37.

林卡，2006. 贫困和反贫困——对中国贫困类型变迁及反贫困政策的研究 [J]. 社会科学战线 (1)：187 - 194.

林闽钢，张瑞利，2012. 农村贫困家庭代际传递研究——基于 CHNS 数据的分析 [J].
农业技术经济 (1)：29 - 35.

林毅夫，2002. 解决农村贫困问题需要有新的战略思路 [J]. 中国经济周刊 (18)：26.

刘福成，1998. 我国农村居民贫困线的测定 [J]. 农业经济问题 (5)：52 - 55.

刘洪，王超，2018. 基于分层 Logistic 回归模型的中国农村贫困识别研究 [J]. 农业技
术经济 (2)：130 - 140.

刘永茂，李树苗，2017. 农户生计多样性弹性测度研究——以陕西省安康市为例 [J].
资源科学，39 (4)：766 - 781.

罗楚亮，2010. 农村贫困的动态变化 [J]. 经济研究 (5)：123 - 138.

罗楚亮，2012. 经济增长、收入差距与农村贫困 [J]. 经济研究 (2)：15 - 27.

吕光明，徐曼，李彬，2014. 收入分配机会不平等问题研究进展 [J]. 经济学动态 (8)：
137 - 147.

吕勇斌，赵培培，2014. 我国农村金融发展与反贫困绩效：基于 2003—2010 年的经验证
据 [J]. 农业经济问题，35 (1)：54 - 60.

马小勇，2006. 中国农户的风险规避行为分析——以陕西为例 [J]. 中国软科学 (2)：
22 - 30.

毛捷，汪德华，白重恩，2012. 扶贫与地方政府公共支出——基于"八七扶贫攻坚计划"
的经验研究 [J]. 经济学（季刊）(4)：1365 - 1388.

毛伟，李超，居占杰，2014. 教育能缓解农村贫困吗？——基于半参数广义可加模型的
实证研究 [J]. 云南财经大学学报 (1)：101 - 109.

毛学峰，辛贤，2004. 贫困形成机制——分工理论视角的经济学解释 [J]. 农业经济问
题 (2)：34 - 39.

苗齐，钟甫宁，2006. 中国农村贫困的变化与扶贫政策取向 [J]. 中国农村经济 (12)：
55 - 61.

宁泽逵，2017. 农户可持续生计资本与精准扶贫 [J]. 华南农业大学学报（社会科学版）
(1)：86 - 94.

曲玮，涂勤，牛叔文，等，2012. 自然地理环境的贫困效应检验——自然地理条件对农
村贫困影响的实证分析 [J]. 中国农村经济 (2)：21 - 34.

任燕顺，2007. 对整村推进扶贫开发模式的实践探索与理论思考——以甘肃省为例 [J].
农业经济问题 (8)：95 - 98.

沈小波，林擎国，2005. 贫困范式的演变及其理论和政策意义 [J]. 经济学家 (6)：
90 - 95.

史俊宏，赵立娟，2012. 迁移与未迁移牧户生计状况比较分析——基于内蒙古牧区牧户的调研 [J]. 农业经济问题（9）：104 - 109.

史耀波，李国平，2007. 劳动力移民对农村地区反贫困作用的评估 [J]. 中国农村经济（1）：20 - 26，34.

世界银行，2014. 世界发展报告：风险与机会 [M]. 北京：清华大学出版社.

宋扬，赵君，2015. 中国的贫困现状与特征：基于等值规模调整后的再分析 [J]. 管理世界（10）：65 - 77.

苏芳，蒲欣冬，徐中民，等，2009. 生计资本与生计策略关系研究——以张掖市甘州区为例 [J]. 中国人口·资源与环境（6）：119 - 125.

苏芳，尚海洋，2012. 农户生计资本对其风险应对策略的影响——以黑河流域张掖市为例 [J]. 中国农村经济（8）：79 - 87.

孙小龙，郭沛，2016. 风险规避对农户农地流转行为的影响——基于吉鲁陕湘 4 省调研数据的实证分析 [J]. 中国土地科学，30（12）：35 - 44.

谭燕芝，张子豪，2017. 社会网络、非正规金融与农户多维贫困 [J]. 财经研究，43（3）：43 - 56.

唐丽霞，李小云，左停，2010. 社会排斥、脆弱性和可持续生计：贫困的三种分析框架及比较 [J]. 贵州社会科学（12）：4 - 10.

田素妍，陈嘉烨，2014. 可持续生计框架下农户气候变化适应能力研究 [J]. 中国人口·资源与环境，24（5）：31 - 37.

万广华，刘飞，章元，2014. 资产视角下的贫困脆弱性分解：基于中国农户面板数据的经验分析 [J]. 中国农村经济（4）：4 - 19.

万广华，张茵，2006. 收入增长与不平等对我国贫困的影响 [J]. 经济研究（6）：112 - 123.

万广华，张茵，2008. 中国沿海与内地贫困差异之解析：基于回归的分解方法 [J]. 经济研究（12）：75 - 84.

万文玉，赵雪雁，王伟军，薛冰，2017. 高寒生态脆弱区农户的生计风险识别及应对策略——以甘南高原为例 [J]. 经济地理（5）：149 - 157.

汪三贵，Park Albert，Chaudhuri Shubham，Datt Gaurav，2007. 中国新时期农村扶贫与村级贫困瞄准 [J]. 管理世界（1）：56 - 64.

汪三贵，郭子豪，2015. 论中国的精准扶贫 [J]. 贵州社会科学（5）：147 - 150.

汪三贵，1994. 反贫困与政府干预 [J]. 农业经济问题（3）：44 - 49.

王春超，叶琴，2014. 中国农民工多维贫困的演进——基于收入与教育维度的考察 [J]. 经济研究（12）：159 - 174.

王磊, 2017. 贫困农户生计风险管理策略研究——基于可持续生计分析框架 [J]. 贵阳学院学报 (社会科学版) (5): 43 - 46.

王文略, 管睿, 加贺爪优, 等, 2018. 陕西南部生态移民减贫效应研究 [J]. 资源科学 (8): 1572 - 1582.

王文略, 毛谦谦, 余劲, 2015. 基于风险与机会视角的贫困再定义 [J]. 中国人口·资源与环境, 25 (12): 147 - 153.

王小林, Sabina, Alkire, 2009. 中国多维贫困测量: 估计和政策含义 [J]. 中国农村经济 (12): 4 - 10.

文军, 2004. 从分治到融合: 近 50 年来我国劳动力移民制度的演变及其影响 [J]. 学术研究 (7): 32 - 36.

吴理财, 2001. "贫困" 的经济学分析及其分析的贫困 [J]. 经济评论 (4): 3 - 9.

吴秀敏, 毛林妹, 孟致毅, 2016. 民族地区建档立卡贫困户多维贫困程度测量研究——来自 163 个村 3260 个贫困户的证据 [J]. 西南民族大学学报 (人文社科版), 37 (11): 146 - 153.

夏庆杰, 宋丽娜, Appleton Simon, 2010. 经济增长与农村反贫困 [J]. 经济学 (季刊), 9 (3): 851 - 870.

谢玉梅, 徐玮, 程恩江, 等, 2016. 精准扶贫与目标群小额信贷: 基于协同创新视角的个案研究 [J]. 农业经济问题 (9): 79 - 88.

邢春冰, 2013. 教育扩展、迁移与城乡教育差距——以大学扩招为例 [J]. 经济学 (季刊), 13 (4): 207 - 232.

邢鹂, 樊胜根, 罗小朋, 等, 2008. 中国西部地区农村内部不平等状况研究——基于贵州住户调查数据的分析 [J]. 经济学 (季刊) 8 (1): 325 - 346.

徐磊, 张峭, 宋淑婷, 等, 2012. 家禽产业风险认知及决策行为分析——基于北京市农户的调查 [J]. 中国农业大学学报 (3): 178 - 184.

徐美芳, 2012. 合作社农户风险管理策略比较分析 [J]. 上海经济研究 (2): 85 - 93.

徐晓红, 荣兆梓, 2012. 机会不平等与收入差距——对城市住户收入调查数据的实证研究 [J]. 经济学家 (1): 15 - 20.

徐月宾, 刘凤芹, 张秀兰, 2007. 中国农村反贫困政策的反思——从社会救助向社会保护转变 [J]. 中国社会科学 (3): 40 - 53.

许汉石, 乐章, 2012. 生计资本、生计风险与农户的生计策略 [J]. 农业经济问题 (10): 100 - 105.

许召元, 李善同, 2009. 区域间劳动力迁移对地区差距的影响 [J]. 经济学 (季刊)

（1）：53 - 76.

薛美霞，钟甫宁，2010. 农业发展、劳动力转移与农村贫困状态的变化——分地区研究 ［J］. 农业经济问题（3）：37 - 45.

杨龙，汪三贵，支婷婷，等，2013. 贫困地区农户的波动性风险和脆弱性分解——基于 四省农户调查的面板数据 ［J］. 贵州社会科学（7）：107 - 114.

杨龙，汪三贵，2015. 贫困地区农户脆弱性及其影响因素分析 ［J］. 中国人口·资源与 环境（10）：150 - 156.

杨文，孙蚌珠，王学龙，2012. 中国农村家庭脆弱性的测量与分解 ［J］. 经济研究（4）： 40 - 51.

杨云彦，徐映梅，胡静，等，2008. 社会变迁、介入型贫困与能力再造——基于南水北 调库区移民的研究 ［J］. 管理世界（11）：89 - 98.

杨云彦，赵锋，2009. 可持续生计分析框架下农户生计资本的调查与分析——以南水北 调（中线）工程库区为例 ［J］. 农业经济问题（3）：58 - 65.

叶明华，汪荣明，吴苹，2014. 风险认知、保险意识与农户的风险承担能力——基于苏、 皖、川 3 省 1554 户农户的问卷调查 ［J］. 中国农村观察（6）：37 - 48.

叶普万，2005. 贫困经济学研究：一个文献综述 ［J］. 世界经济（9）：70 - 79.

叶普万，2006. 贫困概念及其类型研究述评 ［J］. 复印报刊资料：农业经济导刊（7）： 124 - 127.

袁方，史清华，卓建伟，2014. 农民工福利贫困按功能性活动的变动分解：以上海为例 ［J］. 中国软科学（7）：40 - 59.

袁梁，张光强，霍学喜，2017. 生态补偿、生计资本对居民可持续生计影响研究——以 陕西省国家重点生态功能区为例 ［J］. 经济地理（10）：188 - 196.

张川川，John Giles，赵耀辉，2015. 新型农村社会养老保险政策效果评估——收入、贫 困、消费、主观福利和劳动供给 ［J］. 经济学（季刊），14（1）：203 - 230.

张建华，陈立中，2006. 总量贫困测度研究述评 ［J］. 经济学（季刊），5（2）：675 - 694.

张立冬，2013. 中国农村贫困代际传递实证研究 ［J］. 中国人口·资源与环境，23（6）： 45 - 50.

张全红，周强，2014. 中国多维贫困的测度及分解：1989—2009 年 ［J］. 数量经济技术 经济研究（6）：88 - 101.

张全红，周强，2015a. 中国贫困测度的多维方法和实证应用 ［J］. 中国软科学（7）： 29 - 41.

张全红，周强，2015b. 中国农村多维贫困的动态变化：1991—2011 ［J］. 财贸研究，41

（6）：22 - 29.

张童朝，颜廷武，何可，等，2016. 基于市场参与维度的农户多维贫困测量研究——以连片特困地区为例 [J]. 中南财经政法大学学报（3）：38 - 45.

张晓妮，张雪梅，吕开宇，等，2014. 我国农村贫困线的测定——基于营养视角的方法 [J]. 农业经济问题，35（11）：58 - 64.

张新文，2010. 我国农村反贫困战略中的社会政策转型研究——发展型社会政策的视角 [J]. 公共管理学报，07（4）：93 - 99.

张玉利，杨俊，任兵，2008. 社会资本、先前经验与创业机会——一个交互效应模型及其启示 [J]. 管理世界（7）：91 - 102.

章元，万广华，史清华，2013. 暂时性贫困与慢性贫困的度量、分解和决定因素分析 [J]. 经济研究（4）：119 - 129.

赵立娟，史俊宏，2012. 农户风险管理研究进展及启示 [J]. 经济论坛（9）：115 - 118.

赵雪雁，赵海莉，刘春芳，2015. 石羊河下游农户的生计风险及应对策略——以民勤绿洲区为例 [J]. 地理研究（5）：922 - 932.

郑宝华，1997. 风险、不确定性与贫困农户行为 [J]. 中国农村经济（1）：66 - 69.

钟甫宁，纪月清，2009. 土地产权、非农就业机会与农户农业生产投资 [J]. 经济研究（12）：43 - 51.

周波，张旭，2014. 农业技术应用中种稻大户风险偏好实证分析——基于江西省 1077 户农户调查 [J]. 农林经济管理学报（6）：584 - 594.

周常春，刘剑锋，石振杰，2016. 贫困县农村治理“内卷化”与参与式扶贫关系研究——来自云南扶贫调查的实证 [J]. 公共管理学报（1）：81 - 91.

周业安，左聪颖，陈叶烽，等，2012. 具有社会偏好个体的风险厌恶的实验研究 [J]. 管理世界（6）：86 - 95.

朱晶，王军英，2010. 物价变化、贫困度量与我国农村贫困线调整方法研究 [J]. 农业技术经济（3）：22 - 31.

朱玲，1993. 论贫困地区以工代赈项目的受益者选择机制 [J]. 经济研究（7）：71 - 80.

朱梦冰，2017. 精准扶贫重在精准识别贫困人口——农村低保政策的瞄准效果分析 [J]. 中国社会科学（9）：90 - 112.

邹薇，方迎风，2011. 关于中国贫困的动态多维度研究 [J]. 中国人口科学（6）：49 - 59.

邹薇，郑浩，2014. 贫困家庭的孩子为什么不读书：风险、人力资本代际传递和贫困陷阱 [J]. 经济学动态（6）：16 - 31.

左停，王智杰，2011. 穷人生计策略变迁理论及其对转型期中国反贫困之启示 [J]. 贵

州社会科学 (9): 54 - 59.

Adamo A K, Hagmann J. 2001. Integrated management for sustainable agriculture, forestry and fisheries (2001, Cali, Colombia). [R]. Workshop Documentation.

Alderman H, Paxson C H, DEC. 1992. Do the poor insure? a synthesis of the literature on risk and consumption in developing countries. [R]. WPS 1008. Papers.

Alkire S, Foster J. 2012. Counting and multidimensional poverty measurement. [J]. Social Science Electronic Publishing, 95 (7): 476 - 487.

Alkire S, Jindra C, Aguilar G R, et al. 2017. Multidimensional poverty reduction among countries in sub - saharan africa. [J]. Forum for Social Economics, 1 - 14.

Alkire S, Roche J M, Vaz A. 2017. Changes over time in multidimensional poverty: methodology and results for 34 countries. [J]. World Development, 94: 232 - 249.

Alkire S, Santos M E. 2010. Acute multidimensional poverty: a new index for developing countries. [J]. Social Science Electronic Publishing (HDRP - 2010 - 11).

Alkire S, Seth S. 2015. Multidimensional poverty reduction in india between 1999 and 2006: where and how? [J]. World Development, 72: 93 - 108.

Andreoni J, Kuhn M A, Sprenger C. 2015. Measuring time preferences: A comparison of experimental methods. [J]. Journal of Economic Behavior & Organization, 116: 451 - 464.

Arenius P, Clercq D D. 2005. A network - based approach on opportunity recognition. [J]. Small Business Economics, 24 (3): 249 - 265.

Ayhan S H, Gatskova K, Lehmann H. 2017. The impact of non - cognitive skills and risk preferences on rural - to - urban migration: Evidence from Ukraine. [R]. Working Papers.

Azeem M M, Mugera A W, Schilizzi S. 2018. Do social protection transfers reduce poverty and vulnerability to poverty in pakistan? household level evidence from Punjab. [J]. The Journal of Development Studies, 1 - 27.

Bae K, Han D, Sohn H. 2012. Importance of access to finance in reducing income inequality and poverty level. [J]. International Review of Public Administration, 17 (1): 55 - 77.

Barrett C B, Lee D R, McPeak J G. 2005. Institutional arrangements for rural poverty reduction and resource conservation. [J]. World Development, 33 (2): 193 - 197.

Bebbington A. 1999. Capitals and capabilities: a framework for analyzing peasant viability, rural livelihoods and poverty. [J]. World Development, 27 (12): 2021 – 2044.

Beck U. 1993. The risk society: toward a new modernity. [J]. Economic Geography, 69 (4): 5.

Berkes F. 2007. Understanding uncertainty and reducing vulnerability: lessons from resilience thinking. [J]. Natural Hazards, 41 (2): 283 – 295.

Bertola G, Guiso L, Pistaferri L. 2010. Uncertainty and consumer durables adjustment. [J]. Cepr Discussion Papers, 72 (4): 973 – 1007.

Bezabih M, Sarr M. 2012. Risk preferences and environmental uncertainty: Implications for crop diversification decisions in Ethiopia. [J]. Environmental and Resource Economics, 1 – 23.

Binswanger H P. 1980. Attitudes toward risk: experimental measurement in rural India. [J]. American Journal of Agricultural Economics, 62 (3): 395 – 407.

Bird K, Shepherd A. 2003. Livelihoods and chronic poverty in Semi – Arid Zimbabwe. [J]. World Development, 31 (3): 591 – 610.

Birley S. 1985. The role of networks in the entrepreneurial process. [J]. Journal of Business Venturing, 1 (1): 107 – 117.

Blackorby C, Donaldson D. 1980. Ethical indices for the measurement of poverty. [J]. Econometrica: Journal of the Econometric Society, 1053 – 1060.

Bourguignon F, Ferreira F H G, Menéndez M. 2010. Inequality of opportunity in Brazil. [J]. Review of Income & Wealth, 53 (4): 585 – 618.

Bourguignon F, Morrisson C. 2002. Inequality among world citizens: 1820 – 1992. [J]. American Economic Review, 92 (4): 727 – 744.

Braun J V, Teklu T, Webb P. 1999. Famine in Africa: causes, responses, and prevention. [J]. Ifpri Books, 44 (1): 150.

Brick K, Visser M. 2015. Risk preferences, technology adoption and insurance uptake: A framed experiment. [J]. Journal of Economic Behavior & Organization, 118: 383 – 396.

Brooks N. 2003. Vulnerability, risk and adaptation: a conceptual framework. Tyndall Centre for Climate Change Research. [J]. Working Paper, 38: 1 – 16.

Cardenas J C, Carpenter J. 2013. Risk attitudes and economic well – being in Latin America. [J]. Journal of Development Economics, 103: 52 – 61.

Carney D. 2003. Sustainable livelihoods approaches: progress and possibilities for change. [R]. Department for International Development London.

Carter M R, Little P D, Mogues T, et al. 2007. Poverty traps and natural disasters in Ethiopia and Honduras. [J]. World Development, 35 (5): 835 - 856.

Cassar A, Healy A, Kessler C V. 2017. Trust, risk, and time preferences after a natural disaster: experimental evidence from Thailand. [J]. World Development, 94: 90 - 105.

Chambers R, Conway G. 1992. Sustainable rural livelihoods: practical concepts for the 21st century. [R]. Institute of Development Studies (UK) .

Chaudhuri S, Jalan J, Suryahadi A. 2002. Assessing household vulnerability to poverty from cross - sectional data: A methodology and estimates from Indonesia. [R]. Discussion Paper.

Christiaensen L, De Weerdt J, Todo Y. 2013. Urbanization and poverty reduction: the role of rural diversification and secondary towns. [J]. Agricultural Economics, 44 (4 - 5): 435 - 447.

Christiaensen L, Kanbur R. 2018. Secondary towns, jobs and poverty reduction: Introduction to world development special symposium. [J]. World Development, 108: 219 - 220.

Christiaensen L, Todo Y. 2014. Poverty reduction during the rural - urban transformation - the role of the missing middle. [J]. World Development, 63: 43 - 58.

Christiaensen L, Weerdt J D, Todo Y. 2013. Urbanization and poverty reduction: the role of rural diversification and secondary towns. [J]. Agricultural Economics, 44 (4 - 5): 435 - 447.

Chuang Y, Schechter L. 2015. Stability of experimental and survey measures of risk, time, and social preferences: A review and some new results. [J]. Journal of Development Economics, 117: 151 - 170.

Cooper S J, Wheeler T. 2017. Rural household vulnerability to climate risk in Uganda. [J]. Regional Environmental Change, 17 (3): 649 - 663.

Daimon T. 2001. The spatial dimension of welfare and poverty: lessons from a regional targeting programme in Indonesia. [J]. Asian Economic Journal, 15 (4): 345 - 367.

Daniel Kahneman A T. 1979. Prospect theory: an analysis of decision under risk. [J]. Econometrica, 47 (2): 263 - 292.

David H, Ruth M. 2005. Understanding and managing risk attitude gower. [J]. Publishing Company, 271 - 272.

Dercon S, Christiaensen L. 2011. Consumption risk, technology adoption and poverty traps: evidence from Ethiopia. [J]. Journal of Development Economics, 96 (2): 159 - 173.

Dercon S, Krishnan P. 2000. Vulnerability, seasonality and poverty in Ethiopia. [J]. The Journal of Development Studies, 36 (6): 25 - 53.

Dercon S. 2002. Income risk, coping strategies and safety nets. [J]. World Bank Research Observer, 17 (2): 141 - 166.

Development D F I. 1999. Sustainable livelihoods guidance sheets. [R].

Ding X, Hartog J, Sun Y. 2010. Can we measure individual risk attitudes in a survey? [R]. Discussion Paper No. 4807.

Donohue C, Biggs E. 2015. Monitoring socio - environmental change for sustainable development: Developing a Multidimensional Livelihoods Index (MLI) . [R]. Applied Geography, 62: 391 - 403.

Eckhardt J T, Shane S A. 2003. Opportunities and entrepreneurship. [R]. Journal of Management, 29 (3): 333 - 349.

El Bilali H, Hauser M, Berjan S, et al. 2018. Rural livelihoods transitions: towards an intergration of the sustainable livelihoods approach and the multi - level perspective [R]. 1010 - 1016.

El - Hinnawi E. 1985. Environmental refugees. [R]. UNEP.

Ellis F, Mdoe N. 2003. Livelihoods and rural poverty reduction in Tanzania. [J]. World Development, 31 (8): 1367 - 1384.

Ellis F. 1998. Household strategies and rural livelihood diversification. [J]. The Journal of Development Studies, 35 (1): 1 - 38.

Ellis F. 2000. Rural livelihoods and diversity in developing countries. [R]. Rural livelihoods and diversity in developing countries.

Ellis F. 2003. A livelihoods approach to migration and poverty reduction. [R]. Norwich, UK: Paper Commissioned by the Department for International Development (DFID) .

Fafchamps M. 2003. Rural poverty, risk and development. [R]. Edward Elgar Publishing.

Ferreira F H G, Gignoux J. 2011. The measurement of inequality of opportunity: theory and an application to latin america. [J]. Review of Income & Wealth, 57 (4): 622 - 657.

Foster J, Greer J, Thorbecke E. 1984. A class of decomposable poverty measures. [J]. Econometrica, 52 (3): 761 - 766.

Frederick S O T. 2002. Time discounting and time preference: A critical review. [J]. Journal of Economic Literature, 40 (2): 351 - 401.

Freudenreich H, Musshoff O, Wiercinski B. 2017. The relationship between farmers' shock experiences and their uncertainty preferences – experimental evidence from Mexico. [J]. Global Food Discussion Papers.

Gaiha R, Imai K. 2004. Vulnerability, shocks and persistence of poverty: estimates for semi – arid rural South India. [J]. Oxford Development Studies, 32 (2): 261 – 281.

George Loewenstein D P. 1992. Anomalies in intertemporal choice: evidence and an interpretation. [J]. Quarterly Journal of Economics, 107 (2): 573 – 597.

Gertler P, Gruber J. 2002. Insuring consumption against illness. [J]. Am Econ Rev, 92 (1): 51 – 70.

Glavovic B C, Boonzaier S. 2007. Confronting coastal poverty: building sustainable coastal livelihoods in South Africa. [J]. Ocean & Coastal Management, 50 (1): 1 – 23.

Gloede O, Menkhoff L, Waibel H. 2015. Shocks, individual risk attitude and vulnerability to poverty among rural households in Thailand and Vietnam. [J]. World Development, 71: 54 – 78.

Hansen J, Hellin J, Rosenstock T, et al. 2018. Climate risk management and rural poverty reduction. [R]. Agricultural Systems.

Harttgen K, Günther I. 2006. Estimating vulnerability to covariate and idiosyncratic shocks. [R]. Ibero America Institute for Econ Research Discussion Papers.

Helgeson J F, Dietz S, Hochrainer – Stigler S. 2013. Vulnerability to weather disasters: the choice of coping strategies in rural Uganda. [J]. Ecology and Society, 18 (2) .

Holden S T. 2015. Risk preferences, shocks and technology adoption: farmers' responses to drought risk. Centre for Land Tenure Studies. [J]. Working Paper, 3: 15.

Holt C. A. L S K. 2002. Risk aversion and incentive effects. [J]. American Economic Review, 92 (5), 1644 – 1655.

Holzmann R, Jorgensen S. 1999. Social protection as social risk management: conceptual underpinnings for the social protection sector strategy paper. [J]. Journal of International Development, 11 (7): 1005 – 1027.

Holzmann R, Jørgensen S. 2001. Social risk management: a new conceptual framework for social protection, and beyond. [J]. International Tax & Public Finance, 8 (4): 529 – 556.

Jia P, Du Y, Wang M. 2017. Rural labor migration and poverty reduction in China. [J]. China & World Economy, 25 (6): 45 – 64.

Jin J, He R, Gong H, et al. 2017. Farmers'risk preferences in rural China: measurements and determinants. [J]. International Journal of Environmental Research and Public Health, 14 (7): 713.

Jordan M, Amir D, Rand D G. 2017. A risk management perspective on long - run impacts of adversity: The influence of childhood socioeconomic status on risk, time, and social preferences. [R]. Social Science Electronic Publishing.

Jumare H. 2016. Risk preferences and the poverty trap: a look at technology uptake amongst small - scale farmers in the Western Cape. [R]. University of Cape Town.

Kahneman D, Tversky A. 1979. Prospect theory: An analysis of decision under risk. [J]. Econometrica, 47 (2) 263 - 292.

Kanbur R, Squire L. 2001. The evolution of thinking about poverty: exploring the interactions. [J]. Frontiers Of Development Economics - The Future Perspective, 183 - 226.

Kimura F, Chang M S. 2017. Industrialization and poverty reduction in East Asia: Internal labor movements matter. [J]. Journal of Asian Economics, 48: 23 - 37.

Kirzner I M. 1978. Competition and entrepreneurship. [J]. Southern Economic Journal, 41 (6) .

Kochar A. 1999. Smoothing consumption by smoothing income: hours - of - work responses to idiosyncratic agricultural shocks in rural India. [J]. Review of Economics &. Statistics, 81 (1): 50 - 61.

Lewis W A. 1954. Economic development with unlimited supplies of labour. [J]. The Manchester School, 22 (2): 139 - 191.

Ligon E, Schechter L. 2003. Measuring vulnerability. [J]. The Economic Journal, 113 (486) .

Linneroothbayer J. 2000. Book review: Paying the price - the status and role of insurance against natural disasters in the United States. [R].

Liu E M, Huang J K. 2013. Risk preferences and pesticide use by cotton farmers in China. [J]. Journal of Development of Economics, 103 (1): 202 - 215.

Liu E M. 2013. Time to change what to sow: Risk preferences and technology adoption decisions of cotton farmers in China. [J]. Review of Economics and Statistics, 95 (4): 1386 - 1403.

Liu Y, Liu J, Zhou Y. 2017. Spatio - temporal patterns of rural poverty in China and targeted poverty alleviation strategies. [J]. Journal of Rural StudieS, 52: 66 - 75.

M L E. 2008. time to change what to sow: risk preferences and technology adoption deci-sions of cotton farmers in China. [R]. Princeton University, Industrial Relations Sec-tion.

M. Y. 2004. Risk, time and land management under market imperfections. [R]. Applica-tions to Ethiopia.

Makoka D. 2008. The impact of drought on household vulnerability. [R]. the case of rural Malawi.

Mao Q, Wang W, Oniki S, et al. 2016. Experimental measure of rural household risk preference: the case of the SLCP area in Northern Shaanxi, China. [J]. Japan Agri-cultural Research Quarterly, 50 (3): 253 – 265.

Mkondiwa M, Jumbe C B L, Kenneth A W. 2013. Poverty – lack of access to adequate safe water nexus: evidence from rural Malawi. [J]. African Development Review, 25 (4): 537 – 550.

Mohanty S K, Mohapatra S R, Kastor A, et al. 2016. Does employment – related migra-tion reduce poverty in India? [J]. Journal of International Migration and Integration, 17 (3): 761 – 784.

Morduch J. 1994. Poverty and vulnerability. [J]. The American Economic Review, 84 (2): 221 – 225.

Mosley P, Verschoor A. 2003. Risk attitudes in the vicious circle of poverty. [J]. Euro-pean Journal of Development Research, 17 (1): 59 – 88.

Motsholapheko M R, Kgathi D L, Vanderpost C. 2011. Rural livelihoods and household adaptation to extreme flooding in the Okavango Delta, Botswana. [J]. Physics and Chemistry of the Earth, Parts A/B/C, 36 (14 – 15): 984 – 995.

Naminse E Y, Zhuang J. 2018. Does farmer entrepreneurship alleviate rural poverty in Chi-na? Evidence from Guangxi Province. [J]. PLoS One, 13 (3): e194912.

Naschold F. 2012. "The poor stay poor": Household asset poverty traps in rural semi – arid India. [J]. World Development, 40 (10): 2033 – 2043.

Nielsen U. 2001. Poverty and attitudes towards time and risk: Experimental evidence from Madagascar. [D]. Royal Veterinary and Agricultural University.

Niimi Y, Pham T H, Reilly B. 2009. Determinants of remittances: Recent evidence using data on internal migrants in Vietnam. [J]. Asian Economic Journal, 23 (1): 19 – 39.

Norton A, Foster M. 2001. The potential of using sustainable livelihoods approaches in poverty reduction strategy papers. [R]. Overseas Development Institute London.

Okwi P O, Ndeng E G, Kristjanson P, et al. Spatial determinants of poverty in rural Kenya. [J]. Proceedings of the National Academy Of Sciences, 104 (43): 16769 - 16774.

Patnaik U, Das P K, Bahinipati C S, et al. 2017. Can developmental interventions reduce households' vulnerability? Empirical evidence from rural India. [J]. Current Science (00113891), 113 (10).

Piketty T. 2017. Capital in the twenty - first century. [D]. Harvard University Press.

Rampini A A, Viswanathan S. 2016. Household risk management. [R]. National Bureau of Economic Research.

Rao M P, Kumar Y A, Kotaih C B, et al. 2017. Trends in rural poverty in india during 1973 - 74 to 2011 - 12. [J]. Research Journal of Humanities and Social Sciences, 8 (1): 1 - 12.

Ravallion M, Chen S. 2007. China's (uneven) progress against poverty. [J]. Journal of Development Economics, 82 (1): 1 - 42.

Ravallion M. 1998. Poverty lines in theory and practice. [R]. World Bank Publications.

Reardon T, Vosti S A. 1995. Links between rural poverty and the environment in developing countries: asset categories and investment poverty. [J]. World Development, 23 (9): 1495 - 1506.

Rieger M O, Wang M, Hens T. 2014. Risk preferences around the world. [J]. Management Science, 61 (3): 637 - 648.

Roemer J E. 2002. Equality of opportunity: A progress report. [J]. Social Choice & Welfare, 19 (2): 455 - 471.

Rosenzweig M R, Binswangermkhize H P. 1992. Wealth, weather risk, and the composition and profitability of agricultural investments. [J]. The Economic Journal, 1993, 103 (416): 56 - 78.

Roth V, Tiberti L. 2016. Economic effects of migration on the left - behind in cambodia. [J]. The Journal of Development Studies: 1 - 19.

Rowntree B S. 1901. Poverty: a study of town life. [J]. London: Macmillan: 333.

Saavedra - Chanduví J, Molinas J R, Barros R P D, et al. 2009. Measuring inequality of opportunities in Latin America and the Caribbean. [J]. Jaime Saavedra, 47 (4): 1152 - 1154.

Sabina Alkire J F. 2009. Counting and multidimensional poverty measurement. [R]. OPHI Working Paper Series.

Samuel K, Alkire S, Zavaleta D, et al. 2017. Social isolation and its relationship to multi-dimensional poverty. [R]. Ophi Working Papers (80).

Sánchezgarcía J F, Sánchez M C, Badillo R, et al. 2016. A new multidimensional measurement of educational poverty. An Application to PISA 2012. [M]. Social Science Electronic Publishing.

Santos M E, Villatoro P. 2015. A multidimensional poverty index for Latin America. [M]. Social Science Electronic Publishing, 2015.

Sauerborn R, Adams A, Hien M. 1996. Household strategies to cope with the economic costs of illness. [J]. Social Science & Medicine, 43 (3): 291 – 301.

Sauerborn R, Nougtara A, Hien M, et al. 1996. Seasonal variations of household costs of illness in Burkina Faso. [J]. Social Science & Medicine, 43 (3): 281 – 290.

Savioli L, Albonico M, Daniel G, et al. 2017. Building a global schistosomiasis alliance: an opportunity to join forces to fight inequality and rural poverty. [J]. Infectious Diseases of Poverty, 6 (1).

Scoones I. 1998. Sustainable rural livelihoods: a framework for analysis. [R]. Subsidy or Self.

Semyonov M, Gorodzeisky A. 2005. Labor migration, remittances and household income: A comparison between Filipino and Filipina overseas workers. [J]. International Migration Review, 39 (1): 45 – 68.

Sen A. 1976. Poverty: an ordinal approach to measurement. Econometrica. [J]. Journal of the Econometric Society, 219 – 231.

Sen A. 1981. Poverty and famines: an essay on entitlement and deprivation. [D]. Oxford university press.

Sen A. 1999. Development as freedom. [R]. New York: Alfred A. Knopf, Inc: 27 – 56.

Shane S, Venkataraman S. 2000. The promise of entrepreneurship as a field of research. [J]. Academy of Management Review, 25 (1): 217 – 226.

Shane S. 2000. Prior knowledge and the discovery of entrepreneurial opportunities. [J]. Organization Science, 11 (4): 448 – 469.

Shepherd D A, Detienne D R. 2010. Prior knowledge, potential financial reward, and opportunity identification. [J]. Entrepreneurship Theory & Practice, 29 (1): 91 – 112.

Siegel P B, Alwang J. 1999. An asset – based approach to social risk management: a conceptual framework. [J]. Social Protection & Labor Policy & Technical Notes.

Singh P K，Hiremath B N. 2010. Sustainable livelihood security index in a developing country：A tool for development planning. [J]. Ecological Indicators，10（2）：442 - 451.

Singh R P. 1998. Entrepreneurial opportunity recognition through social networks. [R]. Business Administration General.

Sohns F，Revilla Diez J. 2017. Self - employment and its influence on the vulnerability to poverty of households in rural Vietnam—A panel data analysis. [J]. Geographical Review，107（2）：336 - 359.

Solesbury W. 2003. Sustainable livelihoods：A case study of the evolution of DFID policy. [R]. Overseas Development Institute London.

Som S. 2017. The effect of risk and time preferences on agricultural decisions among farmers in Malawi. [R].

Subbarao K. 2004. Toward an understanding of household vulnerability in rural Kenya，520 - 558.

Tanaka T，Camerer C F，Nguyen Q. 2010. Risk and time preferences：linking experimental and household survey data from Vietnam. [J]. American Economic Review，100（1）：557 - 571.

Tanaka T，Camerer C F，Nguyen Q. 2016. Risk and time preferences：linking experimental and household survey data from Vietnam. [J]. Behavioral Economics of Preferences，Choices，and Happiness Springer，3 - 25.

Tanaka Y，Munro A. 2013. Regional variation in risk and time preferences：Evidence from a large - scale field experiment in rural Uganda. [J]. Journal of African Economies，23（1）：151 - 187.

Thomalla F，Downing T，Spanger - Siegfried E，et al. 2006. Reducing hazard vulnerability：towards a common approach between disaster risk reduction and climate adaptation. [J]. Disasters，30（1）：39 - 48.

Tian Q，Lemos M C. 2017. Household livelihood differentiation and vulnerability to climate hazards in rural China. [R]. World Development.

Tickamyer A R，Duncan C M. 1990. Poverty and opportunity structure in rural America. [J]. Annual Review of Sociology，16（1）：67 - 86.

Townsend P. 1979. Poverty in the United Kingdom：a survey of household resources and standards of living. [J]. UK：London：University of California Press：417 - 434.

Tung Phung Duc H W. 2009. Diversification，risk management and risk coping strategies：

Evidence from rural households in three provinces in Vietnam. [R]. In Proceedings of the German Development Economics Conference. Frankfurt a. M: Leibniz Information Centre for Economics.

Twigg J. 2001. Sustainable livelihoods and vulnerability to disasters. [R].

UNDP. 1997. Human Development Report. [D]. Oxford: Oxford University Press.

Vieider F M, Beyene A, Bluffstone R, et al. 2018. Measuring risk preferences in rural Ethiopia. [J]. Economic Development and Cultural Change, 66 (3): 417 - 446.

Von Neumann J, Morgenstern O. 1945. Theory of games and economic behavior. Bull. Amer. [J]. Math. Soc, 51 (7): 498 - 504.

Wang C, Zhang Y, Yang Y, et al. 2016. Assessment of sustainable livelihoods of different farmers in hilly red soil erosion areas of southern China. [J]. Ecological Indicators, 64: 123 - 131.

Wang M, Rieger M O, Hens T. 2016. How time preferences differ: Evidence from 53 countries. [J]. Journal of Economic Psychology, 52: 115 - 135.

Ward P S, Singh V. 2015. Using field experiments to elicit risk and ambiguity preferences: behavioural factors and the adoption of new agricultural technologies in rural India. [J]. The Journal of Development Studies, 51 (6): 707 - 724.

Watts H W. 1968. An economic definition of povertyInstitute for Research on Poverty.

Wik M, Kebede T A, Bergland O, et al. 2004. On the measurement of risk aversion from experimental data. [J]. Applied Economics, 2004 (36), 2443 - 2451.

Wolf R. 2014. Famine in Africa: Causes, Responses, and Prevention. [R]. Baltimore.

World Bank. 2014. World Development Report 2014: Risk and opportunity - managing risk for development. [J]. Springer Netherlands, 293 - 307.

Yesuf M, Bluffstone R A. 2009. Poverty, risk aversion, and path dependence in low - income countries: Experimental evidence from Ethiopia. [J]. American Journal of Agricultural Economics, 91 (4): 1022 - 1037.

Yesuf M. 2004. Risk, time and land management under market imperfections: Applications to Ethiopia. [R].

You J. 2014. Risk, under - investment in agricultural assets and dynamic asset poverty in rural China. [J]. China Economic Review, 29 (C): 27 - 45.

You X D, Kobayashi Y. 2009. The new cooperative medical scheme in China. [J]. Health Policy, 91 (1): 1 - 9.

Yusuf S A，Ashagidigbi W M，Bwala D P. 2015. Poverty and risk attitude of farmers in North‐Central，Nigeria. [J]. Journal of Environmental and Agricultural Sciences，3：1‐7.

Zhang L，Qin W. 2018. Advances in studies about rural financial poverty alleviation from the perspective of targeted poverty alleviation. [J]. Asian Agricultural Research，10 (2)：11‐15.

Zhifei L，Qianru C，Hualin X. 2018. Comprehensive evaluation of farm household livelihood assets in a western mountainous area of china：a case study in Zunyi City. [J]. Journal of Resources and Ecology，9 (2)：154‐163.

　　我国是世界上贫困人口最多的发展中国家之一，长期以来我国致力于农村减贫问题，取得了巨大成效，尤其是精准扶贫战略的实施，使我国连片贫困地区贫困人口持续大规模减少，并在 2020 年年底实现全面脱贫。但我国连片贫困地区由于生态环境恶劣、贫困深度深，成为未来减贫中的重点和难点，而且脱贫农户极易返贫。

　　目前对贫困问题的研究多从制度、资本、环境等方面考虑，并未将风险冲击和机会缺失纳入贫困的成因中，而连片贫困地区农户由于其脆弱性强，面临着更为普遍的风险冲击并造成巨大损失，使其陷入深度贫困或返贫，而极度缺乏的发展机会又导致其生计资本孱弱而丧失发展能力。更为重要的是，贫困农户常常呈现风险厌恶特征，缺乏自我把握发展机会的意识，使其长期困于贫困无法脱离。此外，对贫困问题的研究，需要从单一的收入维度向综合考虑健康、教育及生活条件等多个维度转变，由此，在上述背景下，本书从风险冲击和机会缺失视角探讨二者对农户多维贫困的影响，并利用实验经济学方法对农户的风险态度进行测度，探究农户的风险态度对其贫困状态的影响。

　　本书的编写目的一是为贫困问题的研究提供一个新的视角和思路，希望能够将风险冲击和机会缺失、农户的风险态度纳入贫困问题的研究视域中，以期为贫困问题的研究提供一定的借鉴。二是本书的撰写以我国 8 个连片贫困地区的实地农户调研数据为基础，所得的研究结论和政策建议希望能够为后续的精准扶贫、乡村振兴战略的实施提供一定的指导和借鉴。

　　本书在内容编排上层次较为分明，共分为五篇九章，既有一定的理论框架，又有利用实地调研数据的实证分析，并在实证分析中使用了较为先进的计量经济学方法，是本书的一个特点。本书适用于经济管理专业的本科生、研究生阅读学习，特别是农业经济管理专业的学生，也适用于从事农业经济管理相关专业的专家、学者以及从事农村公共管理的相关政府部门工作人员。

本书从构思到撰写完成经历了 2 年时间，书中所用的数据资料由作者攻读博士学位期间在导师和团队的大力帮助下所取得，从 2017 年至 2019 年，团队 10 余名成员历经多次调研，完成了我国 8 个连片贫困地区的贫困农户的调研数据收集，在此也衷心向导师和团队其他成员表示感谢。

本书试图从新的视角和新的方法探讨我国连片贫困地区的多维贫困问题，以期能够为我国农村贫困问题的缓解、乡村振兴战略的实施和农户福利的提升做出一些贡献，也希望能够为贫困问题的研究提供一定的理论补充。当然，由于作者的时间、精力和学识有限，本书仍在一些不足之处和未来需要进一步完善之处，也希望读者朋友指正。